PEAK
PERFORMANCE
状态的科学

[美]

布拉德·斯图尔伯格
Brad Stulberg

史蒂夫·马格内斯
Steve Magness

著

董黛 译

九州出版社
JIUZHOUPRESS

2003 年夏天，一个早熟的 18 岁男孩紧张地坐在草地上，旁边是 8 条热身跑道。他在等待起跑的枪声。这不是普通的高中田径运动会，也不是州冠军赛，而是普里方腾田径大奖赛（Prefontaine Classic），田径界含金量最高的赛事。几天前，他还坐在物理课堂上，想着自己暗恋的女孩阿曼达。现在，他正与世界上最优秀的赛跑运动员一起，想着如何在 1 英里 ① 跑这项杰出的运动中脱颖而出。

看着奥运会奖牌得主伯纳德·拉加特（Bernard Lagat）这些明星进行复杂的赛前仪式，他试图通过玩游戏来分散自己的注意力，这使他看上去很与众不同。几分钟后，当运动员们从热身区被召唤到起跑线前，他被迫离开了《超级马里奥》带给他的安慰。进入人头攒动的海沃德球场（Hayward Field）时，他试图保持冷静，但是根本没有用。海沃德球场位于俄勒冈大学（University of Oregon）校园内——如果真有跑步圣地的话，那一定是这里了。他不停地念着咒语："别抬头，别抬头。"所以，他的头顶，而不是脸，出现在了美国全国广播公司（NBC）面向全美的直播中。他还没来得及想清楚自己怎么会被安排在上届奥运会第五名凯文·沙利文（Kevin Sullivan）旁边，扩音器里就突然传出了他的名字。一切保持冷静的幻想都破灭了。一阵焦虑传遍了他的全身，胃里未消化的食物仿佛都涌了上来。发令员举起了枪，他想：这就开始了，别吐就行。

---

① 1 英里约合 1.6 千米。——编者注

4分01秒后，一切都结束了。在短短的时间里，他成了美国历史上跑得第六快的高中生，而在当时，他是全美跑得最快的高中生、世界上跑得第五快的青少年。他与大学生中的超级明星艾伦·韦伯（Alan Webb）进行了正面交锋，后者这一场的成绩是3分53秒，并最终创造了3分46秒的美国纪录。他最终跑出了与奥运选手迈克尔·斯坦伯（Michael Stember）相当接近的成绩，并超过了当时的美国1英里跑冠军塞内卡·拉斯特（Seneca Lassiter）。当拉斯特在最后一圈被这个高中生远远甩在身后时，他立刻退出了比赛。换句话说，这个高中生已经正式成为一个少年天才。

即便如此，他没能打破1英里跑不进4分钟的魔咒，显然还是让人们非常失望。当官方结果公布时，NBC的镜头对准了这个瘦削、精疲力竭的孩子，他正用手捂着脸。然而，当最初汹涌的情绪逐渐退去，他不禁有些陶醉于来之不易的满足之中。他心里想：我18岁，正在参加全国规模最大的职业比赛，应该很快就可以跑进4分钟。

NBC的解说嘉宾对这个高中生的表现窃窃私语。他们说，这个孩子能一直如此自律，恐怕是有什么秘诀。他们可猜不到他究竟是如何达到这个高度的。

要达到这样的水平，需要的不仅仅是天赋和努力。问问那些认识他的人，他们脑海中能描述他的词只有一个：痴迷。这是唯一合适的词。他的朋友和家人经常重复这个词，以至于它很容易被当作老生常谈而被忽略。但它绝不是老生常谈。

他的日子始终在追求卓越的努力中单调地度过。早上6点起床，出门跑9英里，上学，举重，然后下午6点再跑9英里。为了避免受伤和生病，他坚持严格控制饮食，比同龄人早好几个小时上床睡觉。他的生活是意志力和自控力的出色写照。

他始终坚持自己的训练计划，即使在一次为期一周的邮轮旅行中，他也要跑够100英里——在顶层甲板上绕着160米长的跑道跑，到最后让他停下的已经不是疲惫，而是晕眩了。无论热带风暴、夏季高温警报还是家中的急事都没能阻挡他奔跑的步伐。任何天灾人祸都无法让他停止训练。关于他对跑步的痴迷的另一个例子，是他的感情生活，或者说是他感情生活的贫瘠。他早就该对这位不幸的女友道歉了。他和她分手只是因为在他们恋爱期间，他的跑步成绩下降了，当然这件事和她一点儿关系都没有。每个周末，当他选择晚上 10 点上床睡觉而不是参加派对或抓住机会结识女孩时，这种痴迷就会再次得到验证。换句话说，他和一般的高中男生相差甚远。但话说回来，一般的高中男生也不会仅用 4 分钟跑完 1 英里。他有一种不达目的不罢休的冲劲：一种永不停息、不屈不挠的决心，誓要竭尽全力实现自己的目标。这当然会带给他回报。

他是世界上有记录的 18 岁青少年中跑得最快的人之一，也是这项运动历史上跑得最快的高中生之一。他收到了全美几乎所有大学的录取通知书，从俄勒冈这样的体育强校到哈佛这样的学术堡垒。他的梦想是参加奥运会，获得奖牌，征服世界。这些梦想对他来说都很现实。

几年后，在华盛顿特区，一个年轻人正在为他新工作的第一天做准备。他匆匆起床，完成了早上例行的清洁流程——刷牙、刮脸、洗澡、穿衣服——这一系列行动被浓缩到了 12 分钟之内。以前，他的晨间例行流程可没这么快。在精英咨询公司麦肯锡（McKinsey & Company）工作两年之后，他将自己帮助《财富》（Fortune）500 强企业实现的不可思议的效率运用到了自己的生活中。没有浪费。不出故障。完全精简。在他高效的早晨，唯一的不足就是出汗，而紧身西装和华盛顿特区潮湿的夏天加剧了这一点。

在他开始工作的前 10 分钟里，他脑中只有一个念头：别再出汗了。他不习惯这套西装，但这份新工作对着装有更高的要求。他必须对早上例行的清洁工作做些改变：要么延长时间，要么降低淋浴时的水温。也许要双管齐下。他擅长用这种分析型思维解决问题。在此之前的几个月里，他建立了一个模型，预测了美国医疗改革对经济的影响。这次影响全面而混乱的立法行为将撼动多个行业。他的模型已经成功地运行了一段时间，专家们（其中大多数人的年龄是他的2倍）都认为它非常棒。这无疑帮助他找到了这份新工作。

然而，在进入宾夕法尼亚大道时，他的思绪从他需要改进的晨间流程上转移了。当他到达1600号——白宫，他脑中只有一个念头："天哪，这太棒了。"在那里，他将为美国国家经济委员会（National Economic Council）工作，为美国总统提供医疗保健政策方面的建议。

和大多数杰出人士一样，这位年轻的专业人士进入白宫的历程完全得益于良好基因和勤奋工作的结合。他在一项儿童早期智商测试中得分很高，但并没有到天才的程度；他的语言水平非常出众，但他的数学能力和空间技巧却相当普通。他在学校学习非常刻苦，经常沉浸在哲学、经济学和心理学而非酒精和派对中。尽管他有足够的能力代表规模小一些的大学参加大学生足球联赛，但他还是选择了密歇根大学，专注于学业。

他在学术上的成功吸引了著名咨询公司麦肯锡的招聘人员。在麦肯锡，他很快就拥有了顶级员工的声誉。在每周70多小时的工作结束后，无论剩下多少时间，他都会磨炼自己的演讲技巧，阅读《华尔街日报》《哈佛商业评论》和无数经济学书籍。他的朋友经常开玩笑说他"反对任何娱乐"。毫无疑问，他很辛苦，但也很享受。

他在麦肯锡的业绩一路飙升，他也有越来越多的机会成为备受瞩目的项目的成员：不久之后，他就开始为价值数十亿美元的公司的首席执行官们提供咨询服务。于是，在2010年冬天，他被要求建立前文提到的模型，预测美国医疗改革的影响。这是一项艰巨的任务。想象一下，你面前有50个变量，它们全部会产生相互作用，且没有一个变量是确定的。然后，有人对你说："告诉我们会发生什么。做一个电子表格。"

他比以往任何时候工作都更努力。他失眠并不是因为工作，而是因为担心自己没能把全部时间投入工作。他总是感到手脚发凉。医生告诉他，这很可能是压力造成的，虽然他们还不能确定。他所有的咨询都是通过电话进行的 —— 在正常的工作日程中，他根本抽不出时间去看病。

但他完成了工作，模型成功了，使用起来高效而简单。全美的保险公司和医院都在使用它。事实上，这个模型运行得非常好，以至于白宫打电话问他是否愿意帮助他们实施这项法案。再多提交几份报告，他就能与总统面对面沟通了。曾经开玩笑说他"反对任何娱乐"的朋友们，现在开玩笑说他有一天说不定会管理这个国家了。在这个需要快速解决高风险问题的世界里，他是一颗冉冉升起的新星。而此时，他离 24 岁生日还有几个月。

现在你可能会想：这些人是谁？我如何才能复制他们的成功？但其后的事情可能并不像你想象中那么美好。

那位高中田径天才再也没能跑得比那个夏天在普里方腾田径大奖赛上快一秒。那位年轻的咨询师没有继续竞选公职，也没有成为某家受人尊敬的公司的合伙人。事实上，他离开了白宫，从那以后再没有升过职。这名运动员和这名咨询师都曾光芒四射，后来却发现自己的表现停滞不前，健康状况恶化，他们再也无法对自己的成绩感到满意。

这些情况并不是特例。它们无处不在，可能发生在任何人身上。我们，这本书的作者，就是故事中的运动员史蒂夫和咨询师布拉德。

从风光无限的顶峰陨落数年后，我们相遇了。在边喝啤酒边分享自己的故事时，我们意识到我们的经历非常相似。当时，我们都开始了自己的第二段人生：史蒂夫成为一名表现科学家，兼职耐力运动员的启蒙教练，而布拉德开始转向写作。我们都开始了新的旅程，但我们不禁想知道：我们能否在不重复此前失败的情况下实现巅峰表现？

我们的亲密友谊始于二人互助小组，建立在对表现科学的共同兴趣之上。我们开始好奇：**巅峰表现可能持续并保持健康吗？如果可能，怎么才能做到呢？有什么秘密吗？如果有的话，巅峰表现背后有怎样的原则？像我们这样的人 —— 也就是说，几乎所有人 —— 该如何坚持这些原则呢？**

我们被这些问题困扰着，做了任何科学家和记者都会做的事情。我们查阅了大量的文献，与无数拥有不同能力、处于不同领域的杰出人士 —— 从数学家到科学家，从艺术家到运动员 —— 交谈，一直在寻找答案。然后，这本书就诞生了，就像许多在几杯酒下肚后产生的鲁莽想法一样。

我们不能保证这本书会帮你赢得奥运金牌、画出一幅杰作或在数学理论上有所突破。不幸的是，基因在这些事情中扮演着不可否认的角色。然而，我们可以保证的是，这本书将帮助你发挥你与生俱来的长处，使你能以健康和可持续的方式将你的潜力最大化。

—— **第二部分　准备工作**

—— **第三部分　目标的力量**

让我们从一个简单的问题开始：你是否感到过压力？如果你的回答是否定的，也许你已经进入了某种冥想的、禅意的状态，或者你只是不在乎任何事。无论你属于哪种情况，这本书可能都不适合你。但如果你的答案是肯定的，那么你就和这个星球上大多数人一样。所以，请继续阅读。

无论是在学校、办公室、艺术家的工作室还是竞技场，在某个时刻，我们中的大多数人一定都有过想将自己的事业提高一个层次的渴望。这是一件好事。**在我们认为可能的范围内设定一个目标，然后通过系统的行动去追求它，这是人类行为中最能提供成就感的部分之一。**我们想将自己的事业提高一个层次是一件好事，因为与以往任何时候相比，在如今达到某种高度后，我们已然没有其他选择。

这本书的主要内容是教你如何提高你的表现。但首先，为了给下一步做好准备，让我们简要地探讨一下为什么如今这样做的需求比以往任何时候都迫切。

前所未有的压力

人类表现的标杆正处于历史最高水平。新的运动纪录每周都在刷新。大学入学要求前所未有的高。激烈的竞争在全球化经济的各个角落随处可见。吉姆·克利夫顿（Jim Clifton）在他的著作《盖洛普写给中国官员的书》（*The Coming Jobs War*）中写道，我们正处于"一场波及全球的争夺好工作的全面战争"边缘。如果一位心怀不满的员工在私人博客上这么写，这句话没什么可在意的。但克利夫顿并不是一位普通员工，而是世界性的商业调查公司盖洛普（Gallup）的董事长兼首席执行官，该公司以严谨和科学的民意调查方法享誉全球。克利夫顿接着解释说，盖洛普最近的民意调查明确显示，正是全球化的竞争导致"优秀的人找不到好工作"。结果是，"世界上越来越多的人感到痛苦、无望、煎熬，变得不快乐，这很危险"。

克利夫顿描绘了一幅可怕的画面。不幸的是，他是对的。数据显示，在过去的 10 年里，美国人使用抗抑郁药物的情况增加了 400%，焦虑情绪也达到了历史新高。尽管这些情况可能有遗传的因素，但它们很可能也是被我们生活的环境引发的，正如克利夫顿所描述的那样。

要了解我们的环境是如何变成这样的，只需看看我们每天大部分时间都拿着的电子设备就够了。通过将整个世界囊括于几次敲击和划动之中，数字技术在很大程度上为雇主打开了接触人才的大门。能够从事某项工作的人数和可以办公的地点都有了显著的增加。《纽约时报》（New York Times）畅销书《自品牌》（Promote Yourself）作者、人力资源专家丹·斯柯伯尔（Dan Schawbel）表示："现在的职场与 10 年前的完全不一样。现在的上班族压力很大。你面对着竞争，因为世界上任何人都可以接受更少的薪水代替你来工作，所以你必须更努力地工作。"

在未来 10 年的工作中，我们不仅要和其他人竞争，还要和一个永不疲倦、几乎不需要自我照顾、效率超过人类的"物种"竞争。

与机器竞争

计算机、机器人和其他人工智能资源的使用正日益对人类的表现施加压力，而这种情况经常以我们注意不到的微妙方式发生。例如，亚马逊等公司通过使用愈发复杂的技术来削弱对物理空间、库存和销售团队的需求，一再降低运营成本，这使得他们能以极低的价格出售我们想要的任何东西。但这些网络巨头也有其阴暗面：大量的工作岗位消失了。的确，亚马逊的崛起标志着一些竞争对手的衰落和最终破产，比如标志性的实体书店鲍德斯（Borders）。鲍德斯在鼎盛时期雇用了约 3.5 万人。其破产导致了大规模的失业。这个故事中最可怕的部分是，如今，亚马逊销售的远不止图书，它甚至开始探索如何用无人机取代人类来递送几乎所有商品。你还为自己是亚马逊会员而感到高兴吗？

机器正在排挤的不只有零售和销售岗位。北卡罗来纳大学（University of North Carolina）研究技术对社会影响的教授泽内普·图费克奇（Zeynep Tufekci）写道："机器变得越来越智能，它们将承担越来越多的工作。"在过去的 10 年里，机器已经学会了如何处理普通的交流、识别人脸并读懂他们的表情、划分性格类型，甚至与人类进行对话。

图费克奇并不是唯一担心科技对人类影响不断升级的人。世界上一些最聪明的人也同意这一观点。物理学家斯蒂芬·霍金（Stephen Hawking）、发明家埃隆·马斯克（Elon Musk）、谷歌的研究部主任彼得·诺维格（Peter Norvig）等人共同签署了一封公开信，呼吁研究人员在开发新的人工智能时要慎之再慎。霍金告诉英国广播公司（BBC），"我们已经证明，人工智能的基础形式非常有用，但我认为，全面人工智能的发展可能意味着人类的灭亡"。

这本书并非要为你展现人类与机器作战的末日场景。但是，从很多层面上看，我们已经发动了这场战争。为了跟上机器的发展脚步，我们需要提高我们的竞技水平。这是不可避免的。

与彼此竞争

1954 年，当罗杰·班尼斯特（Roger Bannister）成为史上第一个在 4 分钟内跑完 1 英里的人，许多人认为这代表了人类表现的极限。冲过终点线后，班尼斯特表示："医生和科学家说，要打破 4 分钟的纪录是不可能的，人体承受不了这样的强度。因此，当我在终点线摔倒后从跑道上站起来时，我还以为我已经死了。"

如今，每年都有 20 多名美国人突破 4 分钟大关。考虑到其他国家，包括肯尼亚和埃塞俄比亚等跑步强国的运动员，专家们推测，每年会有数百人跑进 4 分钟。更有其者，有些跑者甚至以这种速度做间歇训练。疯狂变成了新的常态。看看希查姆·埃尔·格鲁伊（Hicham El Guerrouj）在 1999 年创造的 3 分 43 秒的 1 英里纪录就知道了。当格鲁伊冲过终点线时，班尼斯特还相距甚远。

在所有竞速运动中，半个世纪前的世界纪录如今经常被高中生超越。随着时间的推移，团体运动的竞争力也逐渐提升。1947 年，职业篮球运动员的平均身高约为 6 英尺 4 英寸[①]；如今，他们的平均身高已经增长到 6 英尺 7 英寸[②]。不仅仅是基因决定的特征（比如身高）在发生变化，竞技能力也在提高。你如果看 20 世纪 50 年代的篮球比赛录像，会注意到即使是控球后卫（擅长控球的球员）也几乎只用他们的惯用手运球。今天，球场上几乎每个球员都可以双手运球。

为什么会发生这种情况，它又是如何发生的？就像在传统经济中一样，在体育经济中，全球人才库的出现使得身体素质特别适合从事某项特定运动的人数上涨，也使得愿意为实现伟大目标而奉献的人数上涨了。更科学的训练、营养和恢复方法，让我们更容易理解格鲁伊

[①]　约合 1.93 米。——编者注

[②]　约合 2 米。——编者注

和班尼斯特之间的 16 秒差距。①

在各个不同领域，压力的增加是普遍存在的现象。这种趋势看不到尽头。如果斯蒂芬·霍金是对的，现在可能只是个开始。因此，人们竭尽全力寻找自己的优势也就不足为奇了。

为获胜不择手段

你是否曾经走进健安喜（GNC）、维生素或其他营养品的专柜？如果你去过，并像我们一样关注这个领域，你可能会想：谁会买这些药片、粉末和流食？从数据上看，答案是，几乎每个人都会买。虽然在发达国家只有少数人存在矿物质或维生素缺乏症，但全球营养品行业的年收入通常会超过 1000 亿美元。

更值得注意的是，许多畅销保健品和相关产品的制造商都做出了一些奇怪的声明。例如，有一种名为"神经极乐"、每瓶售价超过 2 美元的饮料，生产商承诺它可以减轻压力、提高大脑和身体功能。虽然该公司的网站上写着"在一个快节奏的世界，神经饮料能帮助你实现公平竞争"，我们还没有看到这一说法的任何科学依据。然而，"神经极乐"仍然很畅销。人们渴望获得优势 —— 任何一种优势 —— 即使没有科学证据表明其存在。不幸的是，这种渴望往往是走向利用不合规的方法来提高绩效的危险道路的第一步。

在一所重点大学的考试周，一个名叫萨拉的学生注意到周围一股让她比平时更紧张的潮流。越来越多的同龄人，也就是她的竞争对手，都在服用安非他明（Adderall）。安非他明原本是用来治疗注意力缺陷多动障碍（ADHD）或临床无法集中注意力的症状的，它将兴

① 更不用提非法使用兴奋剂了。不幸的是，在很多破纪录的表现中，兴奋剂扮演了不可否认的角色，我们将在本书之后的章节中更详细地探讨这一点。尽管如此，所有体育项目中运动员的整体表现都有大幅提升，这种现象不能仅仅归因于兴奋剂。

奋剂左苯丙胺和右苯丙胺结合起来，本质上是街头毒品的一个温和版本。

许多专家认为，注意力缺陷多动障碍的自然发病率约占人口的5%~6%，不过美国疾病控制和预防中心（CDC）的数据表明，大约11%的美国青年患有注意力缺陷多动障碍，是自然发病率的2倍。但是萨拉看到，校园里几乎所有人都在使用安非他明，不管他们是否被诊断患有注意力缺陷多动障碍，是否有处方单。

为什么会这样呢？根据学生们很可能搜索过的网上医生的说法，安非他明"能帮助集中注意力，保持专注，缓解坐立不安的情况"。它的副作用——包括食欲不振、胃痛、恶心、头痛、失眠和幻觉——却遭到了忽视。这些学生并没有多动症的症状，他们只是把安非他明当成一种兴奋剂，来获得心理上的优势。这种药物滥用很像运动员在竞赛中滥用类固醇的情况——原本用于治疗的药物被健康的运动员违规使用，以期获得身体优势。一些研究人员估计，30%的学生出于非医学原因使用过安非他明等兴奋剂。毫无疑问，安非他明的滥用在压力大时是最常见的，例如在考试期间。无数学生反馈说，这种药物在增强阅读理解力、兴趣、认知水平和记忆力的同时还能减轻疲劳。

在最近的一份调查报告中，美国有线电视新闻网络（CNN）询问了学生关于服用安非他明的经历。答案听起来像电视广告：

- "我压根没想过它是违禁的。对此我并不担心，因为那么多人随随便便就用了。"
- "我只是觉得很有活力，很清醒，随时准备迎接挑战。"
- "我只用几个小时就写了15页论文……我很看好这种药。"

难怪萨拉感到了压力。她说："我不会用它，因为我认为这是作弊，但它很猖獗，简直泛滥成灾了。"

就算仅限于学术领域，这种为表现出色而服用违禁药物的行为也已经够糟糕的了，但这种趋势似乎在职场上也越来越普遍。芝加哥城外一间药物滥用中心的医学主任金伯利·丹尼斯（Kimberly Dennis）表示，她观察发现，年龄在 25 岁到 45 岁的职场人士使用安非他明等药物的情况急剧上升。这些人就像学生一样，希望获得哪怕是很微小的优势。

伊丽莎白就是这样一位员工，她在接受《纽约时报》采访时表示："这是必要的 —— 想在最优秀、最聪明、成就最高的人群中生存下去，就必须这么做。"在创建一家创新型健康科技公司的过程中，伊丽莎白感到仅仅努力工作是不够的。她觉得自己必须投入更多的时间，而睡眠就成了成功路上的障碍。于是，她开始服用安非他明。"我有些金融界的朋友在华尔街工作，他们都是交易员，必须在早上 5 点开始工作，并努力做到最好 —— 他们中的大多数人都在服用安非他明。你不可能甘心落在别人后面……我认识的大多数公司都是这样的，他们的员工都很有进取心，对工作表现有一定的期望。"

《审美的脑》（*The Aesthetic Brain*）一书作者、医学博士、宾夕法尼亚医院神经病学主任安简·查特吉（Anjan Chatterjee）认为，在职场中使用提高生产效率的药物是"未来可能的趋势"。美国人将继续工作更长时间，休更少的假。"为什么不通过药物来补充能量、集中注意力、减少睡眠造成的时间浪费呢？"

查特吉的预测虽然看起来很可怕，但并非是独一份。另一位赞同他观点的专家是伦理智库黑斯廷斯中心（Hastings Center）的行为科学家埃里克·帕伦斯（Erik Parens）。他表示，兴奋剂在美国的滥用不过是一个症状，病根来自现代生活：在职场上，你需要每周 7 天、每天 24 小时盯着电子邮件，需要今天比昨天表现得更好。但这并不意味着这种生活方式本身，或者为支持这种生活方式而使用兴奋剂是一件好事。我们很快就会认识到，无论是否使用药品，这种不间断、不休息的工作就算尚未构成危险，也并不可取。**一种驱使人们仅仅为在**

职场中立足 —— 更不用提取得成功 —— 而违法和作弊的文化是不良的，也是不可持续的。

当查特吉和其他专家谈到职场上的兴奋剂问题时，他们经常将其与体育运动类比 —— 激烈的竞争、高风险、不惜一切代价赢得比赛的环境。在这种环境中，即使是最微小的优势也能带来巨大的收益。不幸的是，如果职场真朝着体育界的方向发展，这对每个人来说都是非常糟糕的消息。

更大、更快、更强 —— 以什么为代价

本垒打纪录、环法自行车赛的黄色领骑衫和奥运会奖牌意味着超人的表现。不幸的是，许多这样的表现都被证明确实是"超人"的。它们是在药物资源和先进医疗技术的结合下产生的幻觉，可以和你在最好的医院里看到的相媲美。尽管只有不到 2% 的兴奋剂使用者被查出，但研究表明，多达 40% 的优秀运动员曾使用违禁药物来提高成绩。我们在电视上见过的运动员中，可能有超过四分之一的人使用过违禁药物。

人们很容易认为这个问题只存在于体育界的精英之中，但事实并非如此。兴奋剂在大学、高中和业余田径运动中都很盛行。2013 年由"青少年拒绝毒品联盟"（Partnership for Drug-Free Kids）开展的一项调查显示，11% 的高中生在前一年中至少使用过一次合成人体生长激素（HGH）。也就是说，11% 的青少年将对人体而言最强效的荷尔蒙直接注射到正在发育的身体中。也许比这更令人不安的是，这些高中生的灵感可能是从他们的父母那里得到的。

这很不幸，但是事实。越来越多在周末参赛的业余运动员们 —— 在跑步、自行车和铁人三项比赛中试图赢过同龄人的中年男女 —— 被发现使用了兴奋剂。这个问题已经严重到促使这些运动的管理机构

开始实施药物检测项目，甚至对业余选手也一视同仁。大卫·爱普斯坦（David Epstein）是一位颇受尊敬的调查记者，专门报道兴奋剂问题。他深入研究了这些"周末战士"使用兴奋剂的情况。他的调查结果并不令人满意。他表示，商家在"抗衰老"一项上获取了大约1200亿美元的营收，其中大部分来自向中年男性兜售的类固醇。这个市场注定会随着"婴儿潮"一代年龄的增长而增长，因为他们的可支配收入以及保持年轻的愿望也在增长。爱普斯坦用报告的标题"每个人都充满活力"总结了这种现象。

这种不惜一切代价争取绩效的文化的后果极其严重。**曾经那种让普通人脱颖而出的精彩表现，如今变得令人疑虑重重。**无论何时，无论是在校园里、职场上还是赛场上，任何人取得一些伟大的成就时，我们都不得不质疑他们的品质。正如梅奥医学中心（Mayo Clinic）的人类表现专家、医学博士迈克尔·乔伊纳（Michael Joyner）所说，"我们生活在一个所有杰出表现都令人怀疑的世界"。这种情况在文化层面上已经十分可悲，在个人层面上可能更糟。对于那些像学生萨拉一样选择公平竞争而不愿牺牲健康和道德的人来说，情况尤其如此。当周围人通过作弊合力抬高了优秀的标准，萨拉们便不得不去勉力应对这一不现实的挑战。结果往往很糟糕。

职业倦怠

2014年对全球90个国家的2500多家公司进行的一项调查发现，对如今的大多数雇主来说，一个急需解决的挑战便是"不堪重负的员工"。员工们可能担心自己必须一直有问必答，毕竟其他人是一直在线的，所以他们每天会查看手机近150次。向右滑动手机屏幕时，他们只会发现大量的信息扑面而来。一项研究表明，超过一半白领认为他们已经到了崩溃的边缘：他们根本无法处理更多的信息，这让他们感到沮丧。

即便如此，不管我们的努力多么徒劳，我们都觉得有必要继续努力。这种想法在美国人中格外普遍。只有三分之一的美国员工表示他们享有合理的午餐休息时间（即可以离开他们办公桌的时间）。另外66%的人选择边工作边吃东西，或者干脆不吃。美国人不仅在午饭时要工作，在晚饭时、晚间和周末也要工作。经济学家丹尼尔·哈默梅什（Daniel Hamermesh）和埃琳娜·斯坦卡内利（Elena Stancanelli）在一篇题为《美国人工作时间太长（而且经常在奇怪的时间）》["Americans Work Too Long（And Too Often at Strange Times）"] 的论文中表示，27%的美国人经常在晚上10点到早上6点之间工作，29%的美国人在周末也会做一些工作。

如果我们通过长时间的休息来恢复精力和活力，弥补疯狂工作占用的时间，情况就好说多了，但事实并非如此。在美国，平均每名员工每年年底有5天假没来得及休。当你把所有这些加起来，就像盖洛普在2014年做的那样，你会发现美国人普遍每周工作47小时，而不是40小时。换句话说，**美国员工几乎每周都相当于要加班一天**。在这样的背景下，53%的美国员工表示自身存在职业倦怠（burnout）的情况，一点儿也不令人吃惊。

不停地疯狂工作不仅会让我们陷入职业倦怠，也会对我们的健康产生危害。一个极端的例子是21岁猝死的美银美林（Bank of America Merrill Lynch）实习生莫里茨·埃尔哈特（Moritz Erhardt）。尸检显示，他死于癫痫发作，可能是疲劳引起的。埃尔哈特不幸去世后不久，另一家著名投资公司高盛（Goldman Sachs）对实习生一天的工作时间做出了限制：17小时。

很多例子不像埃尔哈特的故事那么极端，但更为常见。不可持续的工作量和持续的紧张会导致焦虑、抑郁、失眠、肥胖、不育、血液疾病、心血管疾病，以及其他许多对我们的生活质量和预期寿命都有害的生物物理后果。具有讽刺意味的是，职业倦怠不仅在企业界很常见，在宣传健康知识并帮助人们获得健康的医学领域也很常见。研究发现，超过 57% 的住院医生和多达 46% 的内科医生符合职业倦怠的标准。其他研究表明，超过 30% 的教师也存在职业倦怠的问题。

看似朝九晚五的上班族可能会羡慕艺术家或作家的灵活和自由，但事实证明，灵活和自由并不是我们想象中帮助避免职业倦怠的万灵药。几乎每个艺术家都曾在职业生涯的某个阶段与创作倦怠做过斗争。倦怠在艺术家身上很常见，因为他们的激情既是一种礼物，也是一种诅咒。正如柏拉图在公元前 4 世纪所说，激情是"我们获得最好祝福的渠道"，会为需要原创、想象力和灵感的工作提供动力。但如果任由激情驱策，艺术家们最终会油尽灯枯。

痴迷、完美主义、超敏感、强大的控制欲和高期望值是伟大艺术家的共同特征，它们都与创作倦怠息息相关。再加上身为一名艺术家要面对的生存压力、批评的声音、同行间的比较和创造性工作的孤独本质，我们就更容易理解为什么那么多艺术家会感到精疲力竭甚至更糟了。研究表明，从事创造性工作的人群极易陷入焦虑、抑郁，常为酗酒所困，甚至会出现自杀倾向。

激情和压力经常发生冲突的另一个领域是体育运动。在体育运动中，倦怠是所有人——从青少年到"周末战士"再到职业运动员——放弃运动的主要原因之一。运动员经常把自己逼得太紧，压缩自己的休息时间，甚至有一个医学术语来形容这种情况：过度训练综合征。其表现是中枢神经系统紊乱，并引发一系列负面的生物效应。最终，过度训练综合征将导致深度疲劳、疾病、受伤和表现下降，这是身体在说"我不行了，真不行了"。身体在某种程度上被迫停摆了。

过度训练综合征听起来像是需要不惜一切代价避免发生的情况，尤其对需要靠自己的身体来谋生的人来说。然而，超过 60% 的高水平跑者表示，他们在职业生涯的某个阶段曾经陷入过度训练的泥潭。令人惊讶的是，不仅精英运动员在身体告诉他们适可而止时会屈服于过度训练的诱惑，30%～40%的高中生和业余运动员在他们的运动生涯中至少有过一次过度训练的情况。

到目前为止，我们应该很清楚，压力来自四面八方。因此，越来越多的人在工作中越过了收益递减的临界点。一些人甚至转向提高表现的药物，在违背道德和法律准则的同时拿自己的健康和声誉冒险。这真的是当今社会对成功的新要求吗？一定有更好的办法。

事实证明，确实有。本书后面的章节将致力于探索这些更好的办法。

更好的办法

在过去几年里，我们有幸深入研究过拥有不同能力、处于不同领域的优秀人员的表现。我们研究、采访、观察过那些不仅在各自领域中处于领先地位，而且也处于各自表现巅峰的人。在某些案例中，我们还曾与他们共事。在这个过程中，我们不禁注意到，这些伟大的表现者开展工作的方式有着惊人的相似之处。事实证明，**无论我们的目标是获得奥运会参赛资格、在数学理论上有所突破还是创作出一件杰出的艺术品，在健康、可持续的成功背后，许多原则都是共通的。**

这些原则已经被杰出人士实践了几个世纪，每一条都经历了时间的检验，是安全、道德、合法的。然而，直到现在，一些有趣的新科学发现才揭示出这些表现原则背后的工作原理，并以简单易懂的方式传达给大众。本书余下的章节将致力于全面地研究这些原则，结合故事与科学，留给你一个具体的、有据可依的、实用的结论，以帮助你取得进步。

在向表现的科学与艺术进发的过程中，我们需要学会在传统的孤立领域之间建立联系。正是在这些被忽视的联系中，关于表现的一些真知灼见渐渐浮出水面。用作家与创新专家埃里克·韦纳（Eric Weiner）的话说，突破发生在"人们意识到自己（领域）的随意性，并对可能中的可能敞开心扉的时候。一旦你意识到 X 还存在其他做法，或者开始思考 Y，那么各种各样的新通道就会向你打开了"。带着这种想法，通过这本书，我们将揭示艺术家可以从运动员身上学到什么，知识分子可以从艺术家身上学到什么，运动员又可以从知识分子身上学到什么。

我们将向你展示，提高解决复杂认知问题的能力与提高举重水平这两种过程是如何相似——世界顶尖的思想家和世界顶尖的举重运动员都遵循着同样促进成长的过程。我们将审视惯例和环境的影响，解释为什么著名运动员、艺术家和演讲家上场前的热身活动是如此相似和有效。我们甚至会讨论时尚，并用科学原理来解释为什么阿尔伯特·爱因斯坦（Albert Einstein）这种过去的天才和马克·扎克伯格（Mark Zuckerberg）这种现今的天才都对时尚毫不在意。我们将探索为什么在取得突破——无论是完成杰出的画作、写出获奖小说还是创造运动的世界纪录——之后，那么多杰出人物常常感谢并将他们的成功归于自我以外的力量：无论是家庭、上帝还是其他某些超凡的力量。

如果我们做得够好，你在读完这本书的时候将对以下内容有清晰的认知：

- 成长和发展背后的科学循环
- 如何为巅峰表现和日常高效做好准备
- 目标作为表现增强剂的力量

更重要的是，无论你的追求是什么，你都能在自己的领域中运用这些概念。本书中标题为"表现实践"的部分将帮你做到这一点。这些部分的目的是简要地凸显重点，帮助你思考如何将这些重点应用到自己的生活中。

第一部分

成长等式

可持续成功的两个要素

想一下怎样才能使你的肌肉 —— 比如肱二头肌 —— 更强壮。如果你试着举太重的器械，你很可能一次也举不起来。即使举起来了，你也很有可能在这个过程中受伤。如果你举的器械太轻，则不会有太大效果，你的二头肌不会因此增长。你必须找到合适的重量 —— 一个你刚好努把力就能举起的重量。这样一来，在结束锻炼后，你会感觉很疲惫，但不会受伤。然而，找到如此理想的重量只是成功的一半。如果你每天举重很多次，中间不休息，你肯定会筋疲力尽。但如果你几乎不去健身房，也不经常挑战自己的极限，你也不会变得更强壮。增强你的肱二头肌 —— 这里的肌肉不仅指身体上的，还包括认知和情感上的 —— 之关键，是在适当的压力和休息之间取得平衡。**压力 + 休息 = 成长**。不管你希望增长的对象是什么，这个等式都成立。

周　期

在运动科学领域，这种压力和休息的循环经常被称为"周期"。压力在这里指的不是和你的伴侣或老板发生的争吵，而是你接收到的某种刺激，比如举重对身体提出的挑战，它在某些情况下会把身体推向失败的边缘。在这个过程之后，通常会出现轻微的身体功能下降的情况。想想看，在一次艰苦的举重训练之后，你的手臂是多么无力。

但是，如果在压力带来的紧张时期过后，你给身体休息和恢复的时间，它就会适应压力并变得更强，让你可以在未来更加努力。随着时间的推移，循环是这样的过程：

1. 挑出你希望增长的肌肉或能力，排除其他部分的影响
2. 给它压力
3. 休息和恢复，让肌肉或能力适应这种压力
4. 重复——给肌肉或能力的压力比上次大一些

世界级的运动员都是利用周期的大师。在微观层面上，他们的训练有艰苦的阶段（例如采取间歇性训练，直到肌肉到达使用极限和精疲力竭边缘），也有轻松的阶段（例如以步行的速度慢跑），两种模式交替进行。最好的运动员也会把恢复放在最重要的位置，对花在沙发上和床上的时间，就像对花在跑道上或健身房里的时间一样重视。从宏观层面看，伟大的运动员往往在经过一个月的艰苦训练后，会给自己相对轻松的一周。他们通过科学的筹划，在一个赛季中安排少数重要赛事，随后进入身体和心理的恢复期。优秀运动员的每一天、每一周、每一个月、每一年乃至整个职业生涯中，都充斥着这种压力与休息的此消彼长。那些无法找到正确平衡的人要么受伤或筋疲力尽（压力太大、休息不足），要么变得自满和停滞不前（压力不够、休息过多）。那些能够找到正确平衡的人便能一直成为领先者。

可持续表现

1996 年，从阿肯色大学（University of Arkansas）毕业时，迪娜·卡斯托尔（Deena Kastor）是一名优秀的大学生跑步运动员，但从未在重大赛事中取得过胜利。她获得过多个国家级奖项，曾站在许多领奖台的顶端，全美大学生锦标赛冠军总是近在咫尺——准确地说，只有几秒钟的差距——但对她而言却遥不可及。不过，这并没

有阻止卡斯托尔全力以赴地投入跑步事业。毕业后，她与传奇教练乔·维吉尔（Joe Vigil）取得了联系，并跟随他来到科罗拉多州阿拉莫萨（Alamosa）缺氧的环境中训练，随后又来到加利福尼亚州的猛犸湖（Mammoth Lakes）。在那里，卡斯托尔会爬到海拔 9000 英尺 ①的地方进行训练，努力超越她在大学里预测的最高水平。

在卡斯托尔的黄金时期，只要看一眼她的训练日记，我就会想到一个词：超凡。她在海拔 7000 英尺的地方跑 24 英里，以对大多数人来说相当于百米冲刺的速度反复跑 1 英里，还最喜欢以 5 分钟 1 英里的速度跑 4 遍 2 英里，这种速度会令人肺部灼热。而这些训练都在猛犸湖海拔最高的路段进行。这些高强度的训练只占卡斯托尔跑步总量的一小部分。每到周末，在训练日志的右下角，她都会圈出"跑步总里程"。这个数字几乎总在 110 ~ 140 英里。虽然这看起来很夸张，但对卡斯托尔来说，一切都很普通。在这种训练之下，她达到了职业生涯的巅峰。

迪娜·卡斯托尔无疑是人们心目中与美国女子跑步项目联系最紧密的名字，这自有其道理。她在奥运会上的马拉松比赛中获得了铜牌，并在许多重要的全国性比赛中获得了优异成绩。她保持着美国马拉松纪录，仅用 2 小时 19 分钟跑完了 26.2 英里，折合每英里 5 分 20 秒。想象一下，这相当于以这么快的速度跑 1 英里，连续跑 26 次。也许令人更难理解的是她 42 岁时的马拉松成绩 —— 2 小时 27 分钟（每英里 5 分钟 40 秒）。没错，在她运动生涯的暮年，卡斯托尔仍在以惊人的速度奔跑。虽然她偶尔会输给比她小 10 ~ 20 岁的人，但她始终走在队伍的前列，与那些年轻得足以做她女儿的女性运动员竞争，并经常击败她们。

要问卡斯托尔是如何保持这种高水平表现的，你得到的答案就是

---

① 1 英尺约合 0.3 米。——编者注

"周期化"。虽然卡斯托尔经常提到她付出的努力，但她同样会提及努力过后的休息。她在 2009 年接受《竞争者》（*Competitor*）杂志采访时说："在过去几年里，我取得的飞跃都来自训练之外，也就是我选择的恢复方式……在训练过程中，你的软组织会分解，给身体带来很大的压力。你在两次训练之间对待自己的方式就是你取得成绩的关键，也是你获得力量去进行下一次训练的关键。"

卡斯托尔表示，她很早就意识到，仅靠努力训练是不够的。她甚至称，训练是最简单的部分。在过去的 25 年里，让她跑得又快又远、成绩脱颖而出的秘诀是她的恢复方式：每晚 10 ~ 12 个小时的睡眠、严格控制的饮食、每周都要做的按摩和伸展运动。换句话说，她在没有接受训练时所做的一切让她在训练时可以做到她想做的事。**压力需要休息相伴，而休息会为压力提供支持。**卡斯托尔已经掌握了"输入"的技巧，了解了自己能承受多大压力、需要多少休息。因此，她的"产出"——也就是她一生的成长和卓越——并不令人惊讶。

最佳方案：压力与休息穿插

卡斯托尔无疑是独一无二的，但她的故事得到了斯蒂芬·赛勒（Stephen Seiler）所做研究的证实。1996 年，在美国获得生理学博士学位后不久，塞勒移居挪威。当他第一次来到这里时，他注意到了一件令他困惑的事情：在交叉训练中，世界级的越野滑雪运动员会在山脚停下，然后慢慢地向上爬。赛勒不理解，为什么世界上一些最优秀的耐力运动员的训练那么简单？

赛勒找到了挪威的国家级越野滑雪教练英奇·布拉顿（Inge Bråten）。这位教练培养出了很多传奇人物，如 8 次金牌得主比约恩·达利亚（Bjørn Dæhlie）。赛勒问布拉顿，自己看到运动员在训练中缓慢上山的情景是否属实，如果是，布拉顿能否解释一下这是为了什么。布拉顿只是告诉塞勒，他看到的那些滑雪运动员最近训练得很辛苦，所以现在他们必须进行适当的放松。

听到这番话，塞勒的脑海里闪过他读过的一篇报道，里面写着，肯尼亚的跑步运动员在大部分训练时间里都在以蜗牛般的速度跑步。塞勒重新审视这项研究时，还看到报告中提到，肯尼亚运动员艰苦和轻松的训练日是穿插的。在那一刻，塞勒突然意识到，世界上最好的夏季赛事运动员和最好的冬季赛事运动员在训练方式上非常接近。像所有优秀的科学家一样，他开始验证自己的假设。

赛勒追踪了包括跑步、滑雪、游泳和自行车在内的各种耐力运动项目的顶尖运动员的训练情况。他发现，无论具体项目或国籍如何，这群运动员的训练大体上遵循着相同的方式。世界上最优秀的运动员并非遵循着"没有痛苦就没有收获"的健身理念，也没有做健身杂志上流行的高强度间歇训练（HIIT）或随机的"每日锻炼"。相反，他们系统地将高强度训练和轻松训练与恢复活动交替进行，即使有时候轻松训练的内容只是慢慢爬上山。赛勒发现，让顶尖运动员不断进步和发展的正是结合了压力和休息的训练。

脑力工作也是如此

大约在塞勒探索世界顶尖耐力运动员的共性的同时，另一名研究人员也在探索世界顶尖创造者与学者的共性。这位研究人员是米哈里·契克森米哈赖（Mihaly Csikszentmihalyi），积极心理学领域的先驱，以关于幸福、意义和最佳表现的理论而闻名。你可能听说过"心流"（flow）这个概念——一种完全沉浸在某种事物中，像激光般聚焦某一区域的状态——它就是契克森米哈赖提出的。

契克森米哈赖对创造力的研究不如他对"心流"的研究那样广为人知，但同样充满真知灼见。在过去50年里，他对来自不同领域内的能人们进行了数百次采访。他与突破性的发明家、创新艺术家、获诺贝尔奖的科学家和获普利策奖的作家进行过交谈。正如塞勒发现顶尖耐力运动员会采取类似的训练方式一样，契克森米哈赖发现同样的情况也适用于有创造力的人群：这些最聪明的人要么花时间从事强度极高的活动，要么全身心投入放松和恢复中。契克森米哈赖发现，这种方法不仅可以防止出现创作倦怠和认知疲劳，而且可以帮助培养突破性的想法和发现（我们将在第四章中详细探讨）。契克森米哈赖记录了不限领域的优秀创造者与学者们相似的工作过程：

1. 沉浸：全身心地投入工作中，专注工作内容
2. 潜伏：享受一段完全不考虑工作的休息和恢复时期
3. 顿悟：体验"顿悟时刻"——新思想出现，思维得到成长

看起来熟悉吗？杰出的创造者和学者不断完善他们大脑的方式，和那些杰出的运动员锻炼身体的方式非常相似。也许这是因为我们的肌肉和大脑比我们想象中更相似。我们的肌肉会感到筋疲力尽，而你会在下文中看到，我们的大脑也是如此。

表现实践

　　□ 在进行你最重要的事业时，将压力和休息阶段交替进行。

　　□ 在一天的工作中穿插一些短暂的休息。

　　□ 在压力巨大的阶段后，有策略地安排一些"放松日"、长周末和假期。

　　□ 确定通常情况下你的表现开始下降的时间点，在那之前安排一个用来恢复的休息时段。

大脑和肌肉的共性

20 世纪 90 年代中期，罗伊·鲍迈斯特（Roy Baumeister），当时在凯斯西储大学（Case Western Reserve University）任教的社会心理学家，彻底改变了我们对思维及其能力的认识。鲍迈斯特想弄清日常生活中出现的一些问题的根源，比如，在费力解决一个复杂的问题之后，我们为什么会感到精神"疲惫"？以及在节食时，我们为什么在努力抗拒了不健康食物的诱惑一整天后，到晚上却更容易前功尽弃？换句话说，鲍迈斯特感兴趣的是，我们的智力和意志力如何以及为何会耗尽？

当鲍迈斯特着手解决这个问题时，他并不需要尖端的大脑成像技术。他只需要一些曲奇和萝卜。

在这项精心设计的实验中，鲍迈斯特和他的同事让 67 名成年人排队进入一间充盈着巧克力曲奇香味的房间。受试者坐好后，新鲜出炉的曲奇被带到房间里。每个人的唾液腺一开始工作，事情就变得有趣了。研究人员允许一半受试者吃曲奇，而禁止另一半人吃。雪上加霜的是，这些吃不到曲奇的人得到了萝卜，并被告知他们可以吃萝卜。

你可以想象，吃曲奇组对实验的第一部分没有任何问题。和大多数人一样，他们很享受这种放纵。但是吃萝卜组经历了一番挣扎。鲍迈斯特写道："[吃萝卜组]对曲奇表现出了明显的兴趣，以至于会充满爱意地看着曲奇，有些人甚至拿起曲奇闻了闻。"抗拒曲奇诱惑可不是件容易的事。

这个结论似乎并不具有突破性。谁能抗拒美味的甜点呢？但在实验的第二部分，情况变得更加有趣，因为吃萝卜组的挣扎仍在继续。两组人吃完东西后，所有受试者都被要求解决一个看似可以解决但实际上无法解决的问题。（是的，这是一个残酷的实验，尤其是对那些吃萝卜的人来说。）吃萝卜组坚持了 8 分钟多一点，做了 19 次尝试。

而吃曲奇组坚持了 20 多分钟，尝试了 33 次。为什么会有如此明显的差异？因为吃萝卜组由于抗拒曲奇的诱惑而让自己的"精神肌肉"疲惫不堪，而吃曲奇组的精神能量依然满格，因此在试图解决问题时可以付出更多的努力。

鲍迈斯特在改变一些实验条件后重复这项实验，每次都观察到了相同的结果。与第一个任务简单的对照组（如吃曲奇组）的受试者相比，那些被迫动用精神能量来抗拒诱惑、解决难题或做出艰难决定的受试者在随后同样需要脑力的任务中表现得更差。

抗拒食物诱惑的危险性

所有的认知和自控行为，无论是否相关，需要我们动用的精神能量库都是同一个。一旦人们被要求在压力下压抑自己的情绪（例如在看悲剧电影时不能表现出沮丧或悲伤），随后的一系列不相关的任务，比如抗拒食物诱惑或记忆物品名目，都会让他们感到更难完成。这种现象还不止于此。即使是那些无须用到头脑的任务（例如背靠墙直角坐），也会因为精神能量事先被动用过而受到影响。研究表明，即使身体得到了充分的休息，人们的表现也会受到精神疲劳的影响。换句话说，精神疲劳和身体疲劳之间的界限并不像我们想象的那样泾渭分明。

在一项巧妙地题为"渴望爱情：自控对不忠的影响"的研究中，32 名处于恋爱关系中的大学生通过聊天室与异性（由研究人员扮演）进行了互动。在聊天之前，一半受试者被迫拒绝吃诱人的食物，而另一半则可以随心所欲地吃。正如你所料，那些被迫拒绝诱人食物的受试者更有可能把他们的电话号码给异性，甚至答应和他们一起喝咖啡。研究者总结道："自控能力的减弱可能是当今恋爱关系中不忠现象的一个潜在原因。"在鼓励你的另一半节食之前，你可能要再考虑一下了。（不过你可能已经知道这一点了。）

疲惫的大脑探秘

最近，研究人员已经跨越曲奇和萝卜，开始用一些新奇的成像技术研究精神肌肉了。他们的发现相当有趣。他们让精神疲惫者接受功能性磁共振成像仪（一种让研究人员观察大脑内部活动的设备）扫描，发现他们的大脑会以一种特殊的方式活动。当他们看到一张诱人的图片，比如一个多汁的芝士汉堡，或被要求解决一个难题时，大脑中与情感反应相关的部分（杏仁核和眼窝前额皮质）会取代负责思考和理性的部分（前额皮质）进行活动。相关实验表明，一个人被迫进行自我控制后，前额皮质的活动会大幅减弱。难怪当我们精神疲惫时，复杂问题和自我控制会令我们不堪重负，而卡通片和曲奇会成为更受欢迎的选择。

就像当你举重到疲劳的程度以后，你的手臂会暂时失去正常功能一样，如果你进行了高强度思考 —— 无论是抗拒诱惑、做出艰难决定还是执行具有挑战性的认知任务 —— 你的大脑的工作效率也会一落千丈。这种疲劳可能会导致你去吃曲奇、放弃解决一个棘手的智力问题，甚至在执行只需动用身体的任务时过早地放弃。在最糟糕的情况下，你甚至可能在婚恋关系中出轨。

好消息是，就像身体一样，大脑也可以通过压力和恢复的交替而变得更强壮。科学家发现，我们越频繁抗拒诱惑，思考得越深入，注意力越集中，我们就越擅长这些活动。一项新研究表明，意志力并不像科学家们曾经以为的那么有限。这项研究同时提出，通过成功实现较小的、富有成效的改变，我们可以提高能力，在未来完成更大的改变。无论是动用意志力的后果、自我消耗还是其他机制的影响，我们都不可能持续地（至少不能持续有效地）使用大脑而不感到疲惫。如果不先通过较小的挑战来提高能力，我们就无法应对更大的心理挑战。所有这些都让我们回到了讨论的起点：压力 + 休息 = 成长。

表现实践

☐ "压力就是压力"：一项任务导致的疲劳会延续到下一项任务中，即使这两项任务完全无关。

☐ 一次只接受几个挑战。否则你真的会筋疲力尽。

☐ 调整环境来支持你的目标。这在你知道自己将要筋疲力尽的时候格外重要。我们周围的环境对我们的行为有超乎想象的巨大影响，尤其在我们感到疲劳的时候。

压力和休息的节奏

在接下来的四章中，我们将详细探讨成长等式的两个要素——压力和休息。你将学习用压力和休息来锻炼身体肌肉和精神肌肉的最佳方法，优化你在一天、一个月、一年和一生中的表现。但在此之前，为了强调"压力和休息的循环具有强大力量"这一普遍真理，我们要讲一个不寻常的故事——一个人利用压力和休息的循环实现卓越表现的故事。

乔希·维茨金（Josh Waitzkin）是在纽约的华盛顿广场公园第一次接触象棋的，当时他只有 6 岁。他本来打算在单杠上玩耍，但来到公园后，他被路对面的成年人玩的快节奏象棋游戏迷住了。棋盘和上面移动的棋子形成了一个微型的世界，维茨金很快就投身其中，并最终成为大师。

维茨金对国际象棋的精通并非一蹴而就，但他的确进步神速。起初，这个孩子对年纪大得多的常客来说只是个新鲜面孔，但没过多久，他就打败了他们。8 岁时，维茨金就成了主力，经常击败年龄是他 5 倍的棋手。任何见证过乔希·维茨金比赛的人都会注意到他对象棋的天赋和热情。消息迅速传开，不久后，世界上一些最优秀的象棋大师纷纷表露出了指导他的意愿。

　　从 9 岁开始，维茨金在美国少年棋坛掀起了一场风暴，赢得了多个全美冠军。13 岁时，他成为一名国际象棋"国家大师"，是获得这一殊荣的最年轻的国际象棋选手之一。16 岁时，维茨金已经成为一名国际象棋大师。同年，他夺得美国青少年联赛冠军，这是一次令人印象深刻的壮举，因为在这次比赛中，参赛者的年龄上限是 21 岁。第二年，他成功卫冕。

　　大约在同一时间，派拉蒙影业（Paramount Pictures）的电影《王者之旅》（*Searching for Bobby Fischer*）上映并取得了成功。这部电影记录了维茨金成为国际象棋大师的过程，揭示了过人的天赋、极大的激情与勤奋和聪明的努力相结合后发生的化学反应。幸好维茨金没有那么热衷于华盛顿广场公园的单杠，否则他可能永远不会因为在国际象棋上的成就而成为国际巨星。

　　然而，就在几年之后，当他 20 岁出头的时候，和其他许多年轻人一样，维茨金的兴趣发生了转变。他开始热衷于冥想和东方哲学。这些新的兴趣最终使他对太极拳产生了兴趣。他被这项运动吸引并全身心地投入其中，与此同时，他也很高兴能走出国际象棋明星的聚光灯。然而，这种情形并没有持续太久。

　　就像下棋一样，没过多久，维茨金就登上了武术世界的巅峰。有关这位才华横溢、充满激情的年轻人的消息再一次快速传播开来。他引起了世界上最好的太极拳大师的兴趣，并最终得到了他们的指导。他在运动生涯的前几年就赢得了许多国家级赛事的冠军。在年满 30 岁之前，维茨金已经在太极拳的主要比赛项目定步推手和活步推手中获得了世界冠军。

　　毫无疑问，维茨金是有天赋的。如果我们低估基因在他的成就中起的作用，那是很愚蠢的。但我们很难相信，他拥有的基因完美到能让他在他从事的所有活动中脱颖而出。正如他在《学习之道》（*The*

Art of Learning）一书中阐述的，是他对自己的能力以及竞争意识的培养——他如何发扬自己的天赋——将他推到了看似不相干的领域的巅峰。维茨金认为，自己在国际象棋和太极拳领域内的成就，很大程度上要归功于压力和休息的交替：

> 很多时候，在紧张地下了四五个小时国际象棋之后，我会从棋盘边站起来，走出训练室，全速跑上五十码，爬六层楼梯。然后我会走回去，洗把脸，整个人焕然一新。直到今天，我训练中几乎每一个元素都遵循着一种或另一种压力和恢复的循环模式……如果你希望自己的表现能获得真正的进步，我建议你将压力和恢复的节奏融入你生活的方方面面。

重审压力

　　1934 年，在麦吉尔大学（McGill University）生物化学系，一位 28 岁的内分泌学家兼医学副教授希望能发现一种新的激素。他名叫汉斯·塞利（Hans Selye）。各种证据告诉他，他离成功不远了。他给大鼠注射了卵巢提取物，希望这一步骤引起的变化能够指向一种未被发现的性激素。大鼠身上出现了一种独特的生理反应。它们的肾上腺皮质变大，免疫系统被激活。他注入的提取物越多，反应就越剧烈。塞利确信是一种新的性激素引发了这些生理变化。他得意扬扬地在日记中写道："在 28 岁的时候，我似乎已经快发现一种新的激素了。"

　　对塞利来说，不幸的是，他在给大鼠注射了与生殖系统无关的液体后观察到了同样的反应。即使是简单的盐水溶液也会引起同样的反应。他的热情被泼了一盆冷水，兴奋变成了心碎："我发现一种新激素的梦想破灭了。投入这项长期研究的所有时间和资源都被浪费了。我变得如此沮丧，有好几天做不了任何工作。我一味坐在实验室里沉思。"当时他并不知道，这种坚持不懈的沉思最终给他的事业带来了转机。

　　在继续对实验进行思考的过程中，他最终想到，也许他应该从一个完全不同的角度来评估他看到的情况：也许引起反应的并不是注射的液体，而是注射带来的创伤。带着这样的想法，塞利很快走出了他的旧思路，开始系统性地给大鼠制造创伤。他对它们进行注射、电击，给它们做手术，还尝试了很多其他方式。他都观察到了同样的反应：面对每次新的创伤，大鼠的肾上腺和免疫系统就会变得活跃。它们并非准备交配，而是准备战斗。

虽然塞利发现一种新激素的梦想破灭了，但他获得的安慰成果丰硕。他无意中发现的一个概念后来成为现代社会最重要的关注点之一：压力。他通过对大鼠采取一些行为——实际上是任何会使它们感受到冲击、疼痛或不适的行为——触发了一种我们如今已知任何生物体都具备的先天性应激反应。

剂量决定毒性

塞利和那些以他的研究为基础的人们开始给人类施加压力，并观察到了和大鼠身上相同的现象。但他们也注意到了一些其他现象。随着时间的推移，人类和大鼠似乎都适应了每一种独特的压力源，增强了对它们的抵抗力。某些压力源甚至可以产生理想的效果，使处于压力下的特定身体部位变得强壮。他们意识到，**压力不只有害处，它还可以促进成长和适应。**

我们现在知道，我们的适应性应激反应的根源是一种名为"炎症蛋白"的分子和一种名为"皮质醇"的激素。炎症蛋白和皮质醇会被压力激活，并作为生物信使告诉身体："我们不够强大，无法承受这种攻击！"于是，身体组织了一支生化大军，并把它们导向压力下的区域，使身体变得更强壮、更具复原力。这是身体在用不可思议的、预先设定好的方式让自己更好地面对未来的威胁。

我们之前提到的锻炼二头肌等肌肉是一个很好的例子，说明了压力是如何以积极的方式起作用的。举重到筋疲力尽的程度，会导致肌肉组织出现轻微的撕裂，并引发应激反应。身体开始意识到，它目前还不够强壮，无法承受目前受到的压力。因此，一旦我们停止举重，身体就会过渡到一种"合成代谢"的状态中。在这种状态下，肌肉被添砖加瓦，为未来承受更多的压力做准备。同样的现象会在几乎所有的体力活动之后发生——从举重到跑步到划船再到富有挑战性的混合健身方法。

然而，如果压力过大或持续时间过长，身体就会无法适应。实际上，这些情况会起到相反的作用：身体状况会恶化。塞利称其为"疲劳阶段"。如今，许多人也称其为"慢性压力阶段"。身体会反抗，进入一种叫作"分解代谢"的过程，即持续的分解状态。身体不再发出修复信号，炎症蛋白和皮质醇水平不会下降，而会升高到产生危害的程度。一直处于活跃状态的肾上腺系统会变得过度疲劳。这就是为什么慢性压力会导致无数健康问题。身体作为一个整体，只能承受一定的压力，超过后会无法正常工作。

综合考虑上述全部因素，一个悖论就出现了。压力可以是积极的，会引发理想的身体适应过程；压力也可以是消极的，会造成严重的损害和伤害。压力的影响几乎完全取决于剂量。当剂量合适时，压力不仅能促进生理适应过程，还可以刺激心理适应过程。

成长源自阻力

我们在第一章后半部分介绍过的国际象棋神童以及后来的武术世界冠军乔希·维茨金，在思考自己作为一名杰出人物的发展时，提出了一个有趣的洞见：成长源自阻力，我们通过把自己推向能力的极限来获得成长。

听起来，维茨金似乎在特指艰苦的武术训练，但事实并非如此。维茨金指的是他掌握国际象棋的过程。早在知道太极拳是什么之前，维茨金在下棋时就一直在给自己的大脑施加压力，直到精疲力竭的程度。尽管有无数书籍介绍了如何将运动训练方法应用于非运动项目，但维茨金的做法正好相反。他接受了使他成为国际象棋世界冠军的训练理念，并借助它的力量获得了武术世界冠军。即使当他只需要训练自己的思维、细致入微地研究棋局及其深层结构时，他也在不断给自己施加压力。为了刺激成长，他必须在阻力点加压。尽管维茨金的观点早在 20 多年前就出现了，但关于学习的最新科学研究已经开始揭示其有效的原因。

密歇根州奥克兰县一所公立高中的教师遇到的困难与全美同行是一样的：班级规模过大，数码设备分散了学生的注意力，当然还有资源短缺。但最重要的是，教师们对《州共同核心课程标准》感到失望。这是一项标准化的全国性课程规范，他们必须以其为依据授课。无论这一标准的初衷有多好（它的目标是确保每个年级的教学水平都处于全国基准线以上），它在奥克兰县的实施结果却并不理想。在最近的采访中，我们得到了以下反馈：①

■ "我明白（联邦政府）想要在教育方面制定一些标准的初衷，但这一初衷导致了教学方法的千篇一律。它迫使我们根据课程而不是学生具体情况来进行教学。"（11 年级科学教师）

■ "它扼杀了课堂之外的创造力，因为它迫使我们为了让学生通过特定考试而教学。"（9 年级英语教师）

■ "很可怕。它迫使我们进行填鸭式教学。这对聪明的孩子来说尤其糟糕，因为我们没有促进他们成长的自由。全部教学都在照本宣科。"（10 年级经济学教师）

这些抱怨不无道理。为严格的标准化测试做准备，钻研具体的、可测试的事实性知识并不能促进学习。相反，科学表明，学习需要能让学生超越个人极限的无限探索。在一系列覆盖初中和高中数学课的研究中，那些在接受教师帮助之前被迫苦苦思索过复杂问题的学生的

---

① 为保护这些教师的身份，我们对关于年级和科目的信息进行了修改。

表现要优于那些立即得到帮助的学生。这些研究的作者用一个简单而优雅的论断总结了他们的发现：技能来自奋斗。

另一项名为"为什么教学中只有部分事件能促进学习"的研究发现，答案很简单：因为大多数教师都过早地给了学生答案和支持。在调查不同水平的大学物理辅导系统时，研究人员发现，"不管采用何种辅导方式，没有陷入过僵局的学生很少会获得学术进步"。相反，最有效的辅导系统都有一个共同点：教师会等学生经历了失败以后才对其进行指导。**成长源自阻力，技能来自奋斗。**

同样的原理也适用于体育运动。无论是希望速度更快的跑者、想尝试新动作的篮球运动员还是想征服巨浪的冲浪者，他们获得最大成就的过程中往往伴随着强烈的煎熬和不适。

尼克·兰姆（Nic Lamb）是世界上最好的大浪冲浪者之一。他可以驾驭四层楼高的巨浪。他在水上的表现看似神奇，但这些表现都建立在对各种细节的训练和他日复一日培养起的坚定意志的基础上。布拉德在为《户外》（Outside）杂志采访兰姆时，特别想了解兰姆是如何做好准备去面对那些最强的海浪的。兰姆的秘密在于让自己感到不适。兰姆说："在训练中，我寻找并尝试驾驭那些让我害怕的海浪。只有当你走出舒适区，你才会成长。不适是个人发展和成长道路上必然要经历的。它是自满的对立面。"

兰姆欣然接受挑战，把失败视为成长的机会而非阻碍。他说："如果我从来没有突破极限，从来没有挣扎过，我就永远不会成长。"对兰姆来说，受到极大挑战或表现不佳的时刻往往是最有价值的。这些时刻让他发现了自己身体和心理上的弱点，向他指出了可以完善的领域，充分调动了他的大脑和身体来解决出现的问题，同时也提高了他认为自己能力所能达到的极限。

维茨金、成功的学生以及兰姆的做法被称为"有成效的失败"。一个广泛的科学共识是，最深刻的学习过程发生在我们经历这种失败的时候。比起简单地回答一个特定的问题，接受挑战甚至体验失败都是有益的。失败为我们提供了一个从不同角度分析问题的机会，促使我们理解问题的深层结构，并磨炼解决问题的技能，而这些技能可以被应用到各个领域内。当然，在需要帮助时便能立刻获得帮助是非常令人愉悦的体验。但是，当我们屈服于迅速解决问题的冲动时，我们就错过了一种只有挑战才能引发的特殊的深度学习过程。

系统 2 类型的学习

诺贝尔心理学奖得主丹尼尔·卡内曼（Daniel Kahneman）提出，人类的思维分为两种类型：系统 1 和系统 2。系统 1 的运行是自动而迅速的，常常由本能和直觉驱动。而系统 2 需要更多思考和分析，处理的是费力的脑力活动。系统 1 是我们默认的思维模式，因为它需要更少的能量。当我们处于"自动驾驶"状态时，工作的是系统 1，我们对当前世界的自动认知模式占主导地位。只有当我们激活系统 2，通过真正的努力去发现一些东西时，我们才有机会批判性地审视新信息并将其整合到我们的知识网络中。真正的学习需要的是系统 2。

要理解为什么系统 2 类型的学习如此充满挑战性，我们需要深入研究大脑内部的运行机制。我们实际的知识网络由名为"神经元"的脑细胞组成，神经元通过轴突连接，轴突的功能就像大脑中的细电线。当我们学习新内容时，大脑中的电流会沿着这些轴突在神经元之间传递。一开始，这种神经连接很弱（无论是字面意义还是比喻意义）。我们很难掌握新技能，比如正确使用语法，或者在篮球场上使用非惯用手。如果我们屈服，选择不挣扎，系统 1 就会接管大脑。我们就此服从大脑中已经存在的强大神经连接，比如继续使用错误的形容词而非正确的副词，或者用右手而非左手运球。但是，如果我们能忍受这种煎熬，并不断学习新的技能，神经元之间的连接就会增强。

这要归功于一种物质 —— 髓鞘。髓鞘就像大脑中的绝缘体，包裹着我们的轴突。我们做某件事越频繁，产生的髓鞘就越多，这就使得电流可以在神经元之间更顺畅地流动。换句话说，我们大脑中的神经连接就加强了。随着时间的推移，以前令我们感到煎熬的事变成了我们新掌握的习惯。

如果我们能坚持长期学习，曾经艰巨的系统 2 挑战就会变成简单的系统 1 任务。只要问问那些学会用非惯用手运球的人就知道了。或者，问问你自己：3+2 等于多少？ 6×4 呢？

回想一下，你小时候回答这些问题可不会这么快。

这并不是说漫无目的的挣扎就可以促进学习，而是意味着最有效率的学习过程发生在我们不得不付出努力的时候。**就像痛苦地完成一系列重复举重训练是健身的有效方法一样，我们只有在挣扎并失败后再得到帮助，大脑才能得到最好的锻炼。**你如果希望在自己专注的任何领域不断提高能力水平，就必须把压力看作积极甚至可爱的因素。尽管过多或无休止的压力可能是危险的，但适量的压力会对成长起到强大的刺激作用。

表现实践

☐ 压力刺激成长。

☐ 国际象棋天才和后来的武术冠军乔希·维茨金表示："成长来自阻力。"

☐ 培养新能力需要努力：技能来自奋斗。

☐ 当你遇到困难时，系统 2 被激活，真正的进步开始产生。你脑中的髓鞘在积累，神经连接在加强。

☐ 让失败更有效：只有在奋斗之后才允许自己寻求帮助。

勉强可以应对的挑战

　　当心理学家米哈里·契克森米哈赖研究最优秀的表现者是如何进入状态并不断提高的时候，他注意到他们都在有规律地将自己推向极限，甚至可能略高于极限。为了将抽象概念具体化，契克森米哈赖开发了一个精妙的概念工具（见图1）。

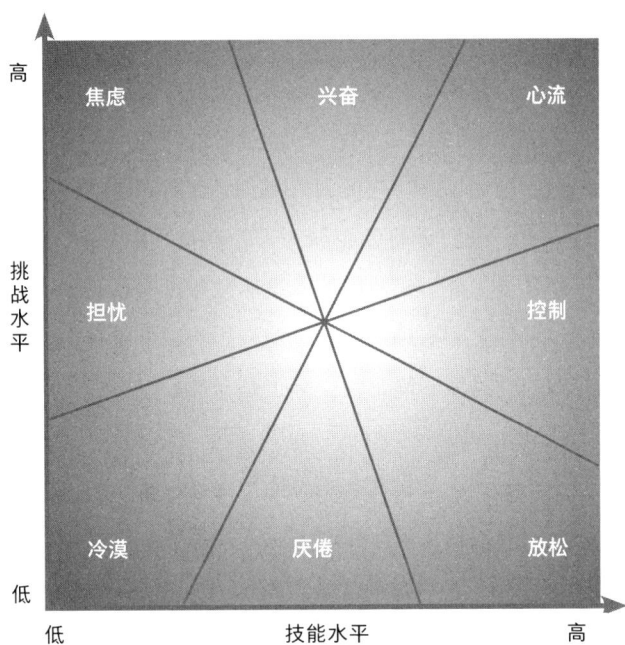

图1

　　契克森米哈赖的工具不仅可以帮助你找到进入状态的方法，还能很好地将成长所需的压力调控到理想水平。我们把最好的压力称为"勉强可以应对的挑战"，置于右上角的"心流"部分。

　　当你做的事情让你感到有些失控，但又不太焦虑或者过度兴奋时，你就正在应对"勉强可以应对的挑战"。[①] 当手头的任务略微超出你的能力范围时，你处于最佳状态。挑战再小一点儿，你就会觉得"这是我的囊中之物"。任务太容易了，压力也不够大，不足以刺激成长。然而，如果遇到的挑战让你有心跳在耳朵里怦怦作响的那种不安感，你会很难集中注意力。**你追求的最佳挑战应该是符合或略超出你能力极限的。**

史蒂夫为他指导的世界级长跑运动员萨拉·霍尔（Sara Hall）设计的训练，就是运用"勉强可以应对的挑战"的最佳例子。在 2016 年的世界半程马拉松锦标赛中，霍尔登上了职业生涯的巅峰，她以惊人的每英里 5 分 30 秒的速度完成了 15 英里的赛程，甚至略快于她以前的最好成绩。这些训练旨在提高极限，使跑者超越他们目前的能力极限。因此，史蒂夫的运动员在训练时有点儿紧张的情况并不罕见，有些人甚至怀疑他们能否完成锻炼。虽然某些纸上谈兵的运动心理学家可能认为这种怀疑和不确定性只有消极影响，但史蒂夫有不同的看法。**心存轻微的怀疑和不确定性实际上是一件好事：它表明成长机遇已经出现。**

当你脑子里有个声音说"我不可能做到这件事"时，这实际上是一个信号，表明你走在正确的道路上。这种想法意味着你的大脑试图把你拉回熟悉的道路上，也就是你的舒适区中。"勉强可以应对的挑战"需要你跳出舒适区，走上一条要求稍高的路。

这个概念适用于任何任务，无论是体育锻炼、音乐表演还是职场上的项目。这就是契克森米哈赖提出的模型的精妙之处。你可以在其上构建任何活动。运用这个模型的时候，很重要的一点是要把诸多环境因素考虑在内，这些因素可以影响活动在给定时间点上的挑战性大小。

---

① 布拉德第一次听说"勉强可以应对的挑战"这一概念，是密歇根大学（University of Michigan）的教授理查德·普赖斯（Richard Price）告诉他的。

外部因素：

■ 天气

■ 受众规模（或获取成果所需的付出）

■ 奖励

■ 最后期限

■ 合作者（如果是团队项目）

内部因素：

■ 当时生活中的其他压力源

■ 个人对活动的兴趣和动力

■ 身心健康情况

思考一下你每天从事的活动，它们落在契克森米哈赖模型的什么位置？你是否在以健康、可持续的方式追求成长？我们并不是建议你把所有的时间都花在"勉强可以应对的挑战"上。这样做可能不太现实。此外，你仍然需要在间歇的压力中恢复，以使努力更有成效。我们建议的是，对那些你希望提高的能力，无论是金融建模、画肖像画、长跑还是其他任何活动，你都应该定期寻找"勉强可以应对的挑战"：那些能让你走出舒适区、强迫你在阻力点上加压的活动。

在这一章中，我们探讨了压力的好处，研究了技能来自奋斗的原因，并了解了哪些类型的活动属于有益的、促进成长的压力——我们称之为"勉强可以应对的挑战"。接下来，我们将探索你应该如何着手处理事情，并解释为什么很多旨在提高工作效率的传统理论达不到预想中的目的。

表现实践

□ 想想你希望提高的技能／能力。

□ 评估你目前执行这项技能／能力的可能性。

☐ 积极寻找那些略超过你能力极限的挑战。

☐ 如果你觉得一切尽在掌握之中，那就加大下一个挑战的难度。

☐ 如果你感到焦虑或情绪激动、无法集中注意力，那就把挑战降低一个档次。

第 三 章

给自己压力

20 世纪 90 年代初，一位名叫安德斯·埃里克森（Anders Ericsson）的行为科学家开始调查人们是如何成为领域内专家的。当时，主流观点认为经验是关键。也就是说，花在练习上的时间越多，你就越擅长这项任务。埃里克森推断，经验的积累——也许还要加上一些天赋——就可以使人成为专家。但在埃里克森开始实验后不久，与这个推断完全不同的情况发生了。

埃里克森发现，一项不出名的研究表明，加州大学伯克利分校（University of California，Berkeley）的物理学教授在做入门习题集时的表现并非始终比学生的表现好。其中一些教授已经从事物理研究和教学几十年了。事情有些不对。

在对那些鲜为人知的研究的持续探索中，他不断发现令人惊讶的结果。例如，一位心理学家的工作年限与他治疗病人的成功程度无关。还有研究表明，随着经验的增加，许多医生实际上在借助 X 光扫描做出诊断方面的表现更差。他们接受正规训练的时间越长，犯的错误就越多。在接受研究的每一个领域（从品酒到金融投资），当涉及评估优秀表现时，经验并不是关键变量。在某些情况下，埃里克森几乎无法区分新手和老手的表现。不管从哪个角度研究这个问题，埃里克森都发现，经验和专业程度并不一定是相辅相成的。

因此，埃里克森想知道，如果不是经验，那是什么让一个人成了专家呢？为了找到答案，他和一组研究人员前往德国柏林，深入一所著名音乐学院的小提琴手中间。这所学院是知名小提琴家的摇篮，世界上许多最优秀的小提琴家都出自这里。到达后，埃里克森和他的团队要求小提琴手们继续进行他们的常规练习，只有一个小小的不同：把他们做的事都记下来。每天结束时，小提琴手都会记录下他们醒着的每一分钟是如何度过的。经过 7 天的测试，埃里克森将顶尖的小提琴手 —— 教授们认为实力水平足以独奏的那些学生 —— 的日记与其他所有人的进行了比较。几乎每个人每周练习的时间都是一样的：大约 50 个小时。这丝毫没有让埃里克森感到意外，因为仅仅是获得进入音乐学院进修的资格，就需要极大的热忱和努力。此外，所有的小提琴手练习的时间都一样这一现象也证明了埃里克森已知的事实 —— 经验并不能保证我们成为专家。

接下来，研究人员考察了学生们的 50 个小时都是如何度过的。大家是如何练习的？答案是：练习方式完全不同。最好的小提琴手会把更多时间花在完成一个特定目标上，并在这样做的时候保持全神贯注，排除一切干扰。他们很少会出现在练习中走神、敷衍的情况。最好的小提琴手练习时的"刻意"程度比其他人高得多（"刻意"是埃里克森及其团队提出的概念）。

埃里克森及其团队继续对运动员、艺术家和学者进行了深入的研究。他们每次都发现了同样的现象：**表现优秀者与其他人的区别不在于经验多寡，而在于刻意练习时间的长短。**埃里克森的研究结果实际上与马尔科姆·格拉德韦尔（Malcolm Gladwell）的"一万小时定律"——任何人都可以通过一万小时的练习成为任何领域内的专家——完全不同。专业技能的掌握靠的不是一定的练习时长，而是某种特定的练习方式。**练习并不能使人成为专家，正确的练习才可以。**

怎样的练习才正确

那么，到底什么样的练习才是正确的呢？埃里克森发现，最优秀的表现者会积极地寻找"勉强可以应对的挑战"，为练习设定略超过他们能力极限的目标。事实还不止于此。真正将刻意练习与其他练习区分开的是深度专注。

为了验证这一点，研究人员找来一组专业歌手和一组业余歌手，并用通过生理指标测量专注度的设备对他们进行监控。传感器就位后，歌手们就开始了他们的日常练习。最后，每位歌手都被要求回答几个问题，以评估其舒适度和专注度。这两组选手练习的模式非常清晰。无论是客观的生理数据还是主观的自我报告数据都表明，对业余歌手来说，练习过程帮助他们释放了紧张情绪，总体上是愉快的。而专业歌手在整个练习过程中表现出了极高的专注度。他们小心翼翼地专注于提高自己特定部分的表现，即使这会让练习变得不那么愉快。最优秀的歌手都会跳出他们的舒适区，并且是有意识这样做的。尽管业余爱好者和专业人士练习的时间相同，但两种人利用时间的方式却大不相同。

总体来说，当杰出表现者执行严肃任务时，他们的身体和头脑是百分之百投入的。他们完全沉浸在任务之中。

做什么，就只做什么

医学博士鲍勃·科克（Bob Kocher）是我们的一位导师。他博学多才，接受过正规的医学训练。他本科就读于华盛顿大学（University of Washington），之后在乔治·华盛顿大学（George Washington University）读医学院。虽然他没有进入哈佛或耶鲁这样的常春藤名校，但他获得了极其优秀的霍华德·休斯医学研究所奖学金（Howard Hughes

Medical Institute Fellowship），它相当于医学领域内的罗德奖学金（Rhodes Scholarship）。他在哈佛大学附属的贝斯以色列女执事医疗中心（Beth Israel Deaconess Medical Center）行医。但在几年后，鲍勃医生（几乎所有人都这么称呼他）意识到，自己在一个不健康的系统中工作，无法全面地为患者提供帮助。于是，他做出了一个艰难而可怕的决定：离开临床实践领域，寻找机会在系统层面上改善医疗保健现状。他有了很多新发现。

自从脱下白大褂，鲍勃医生身兼数职，其中包括一家大型咨询公司的合伙人、直接向美国总统报告的卫生经济学家、布鲁金斯学会（Brookings Institution）学者和斯坦福大学（Stanford University）教授。目前，他是硅谷最大的风险投资公司之一的合伙人，向一些初创公司投资了数百万美元。这些公司的产品和服务可能会改变医疗行业的格局。他在《纽约时报》和一些著名学术期刊上发表过对创新和医疗保健的讨论。鲍勃医生的观点曾被多本畅销书的作者引用过。美国政府，甚至是某些外国政府需要进行医疗保健方面的决策时，常常会参考他的意见。长话短说：鲍勃医生在行业内的表现就是顶尖的。

当然，我们对鲍勃医生取得的所有这些成就以及他辛勤的工作感到钦佩。我们也很尊敬他，因为他戴着一块仅值 40 美元的电子表。也就是说，他做这些工作的目的不是金钱，不是物质。他很看重身体健康，每天至少锻炼一个小时。最重要的是，他是尽责的丈夫和两个女儿的父亲，几乎总能按时回家吃晚饭并出席女儿们的课外活动。所以，当我们在鲍勃医生位于帕洛阿托的办公室里见到他时，我们最想知道的是，他是如何在保持生活平衡的同时取得如此巨大的成就的。他不需要说一句话就回答了我们的问题。

从我们和鲍勃医生走进房间的那一刻起，他就把注意力全部投放在与我们的会面上。在这次会面的全部时间里，他没有回复电子邮件，没有打电话，也没有任何同事来打扰我们。在我们来之前，他正在为一家知名医学杂志撰写一篇文章，并准备对一家公司的未来规划做出决策，但他在和我们交谈时完全抛开了这些工作，只和我们讨论这本正在写的书。这种意识是显而易见的：他重视我们，就像重视总统一样。鲍勃医生完全活在当下。我们实时见证了他成功的秘诀。

通过**一次只做一件事并全身心投入**，鲍勃医生把很多事——从起草和影响医疗政策到投资公司，再到做一个好丈夫和好父亲——做到了极致。他坚持每次只做一件事，这确保了他能从自己起草的每一份文件和参与的每一次互动中学习和成长。"并不是说我不能同时处理多项任务，"他说，"但当我同时处理多项任务时，一切都会受到消极影响。所以我不会一心多用。"

他把一天的时间分解到小时。每个时段都有一个具体的目标。这些目标的范围很广，例如，写一篇 500 字的论文，深入了解一家公司并对其做出投资决策，和一个有趣的人自由自在地交谈，在健身课上让自己的心率保持在最高心率的 80%，在有多位政府官员参与的会议上提供建议，与妻子和孩子一起享用晚餐。这种划分确保他能够遵循自己做事的原则：一次只做一件事。鲍勃医生能完成如此多任务的秘诀就是每次只做很少的事。他是一个纯粹的"单一任务者"。

专注单一任务效率才高

鲍勃医生的故事很有启发性，但他的策略适用于每个人吗？如果是这样，那为什么那么多人坚持一心多用呢？

我们喜欢处理多项任务，是因为当我们同时做很多事情时，我们会感到更有效率，体验到更大的满足感。我们潜意识里有个声音说："看看我做的一切。看看我已经做完的这么多事情。"在一个鼓励优化和多任务处理的社会里，我们忍不住想要"优化"自己。不幸的是，我们的大脑并不会像电脑一样工作。对 99% 的人来说，有效的多任

务处理模式只不过是一种妄想。①

即使是那些声称自己擅长多任务处理的人，对其大脑的功能性磁共振成像扫描也显示，他们不可能同时高质量地完成两件事情。当我们同时处理多项任务时，我们的大脑要么在任务之间不断切换，要么进行分治，只把我们认知能力的一部分分配给特定的任务。结果，正如无数研究表明的那样，当我们同时处理多项任务时，我们的工作质量甚至进度都会受到影响。

虽然切换成本看起来微不足道——有时每次切换仅需零点几秒——但随着时间的推移，当我们在任务之间切换的次数过多，用时就会变长。密歇根大学的研究人员发现，看似无害的多任务处理会占用人们 40% 的工作时间。虽然我们在同时处理多项任务时可能会觉得自己完成了两倍的工作量，但实际上我们完成的只有接近一半而已。

不仅是我们的短期表现会受到多任务处理的影响，另一项研究表明，"习惯性"的一心多用者更不善于过滤无关信息，他们识别模式的速度更慢，长期记忆也更差。换句话说，一心多用影响的不仅是我们今天的工作，还有我们明天的工作。正如埃里克森的小提琴手和身兼多职的鲍勃医生证明的那样，专注单一任务是我们在压力中成长的正确方式。

不幸的是，仅仅知道多任务处理的危险并不意味着我们就会停止这样做。支持和促进多任务处理的技术可能会让人上瘾。这些技术让我们无法完全投入正在做的事情，降低了潜在的成长刺激。（想象一下，如果一个跑者在跑道上做间歇运动，在每次接到信息后都要彻底停下来查看手机，这样不断跑跑停停肯定会影响她的表现。）但是，在我们找到摆脱这些技术的有效方法之前，我们必须首先理解为什么

---

① 研究表明，仅有稍高于 1% 的人可以有效地同时处理多项任务。基于这样的概率，你很有可能不在那 1% 之内。

我们对这些技术如此上瘾。

表现实践

每次你开始做有意义的工作时，都要使用正确的练习方式。正确练习的要素包括：

☐ 为每一个工作时段设定意义和具体目标。

☐ 问问自己：我想学什么，想做什么？

☐ 集中注意力，即使这样做并不总是令人愉快。

☐ 一心多用：下次你想一心多用的时候，提醒自己，研究表明这是无效的。记住鲍勃医生的秘诀：一次只做一件事。

☐ 记住，质量比进度重要。

智能手机：分心之源

我们来打个赌吧（稍后我们会打更多赌），我赌你爱你的手机。这没什么不对的。我们确实爱自己的手机。这些奇妙的玩意儿能让我们和其他人的联系达到 15 年前没人能想象到的水平。事实上，如果我们不爱自己的手机，你现在可能看不到这本书。2014 年初，布拉德在旧金山市中心的人行道上刷推特，看到了一条来自一个叫史蒂夫·马格尼斯的人的有趣的推文，当时后者正在休斯敦的一家咖啡店里。布拉德点击了史蒂夫发的链接，发现链接里的内容非常有意思。布拉德越读越惊讶，心想：哇，看来我和这个家伙在很多事情上所见略同。布拉德又看了史蒂夫的几篇博文，决定给他发一封简短的电子邮件。几分钟后，史蒂夫从两个时区之外的手机上按下了回复键。就这样，一种富有成效的联系形成了。

毋庸置疑，我们不是来妖魔化技术的。但由于我们的需求以及数字应用程序开发者的一些巧妙设计（就算他们不是为了控制我们），许多人都特别热爱自己的智能手机，根本无法抗拒它们。手机如此令人上瘾，每天都有数百人为其冒险并失去生命。根据美国疾病控制和预防中心（CDC）的数据，司机分心看手机导致的车祸每天会造成超过 9 人死亡，超过 1150 人受伤。在最近的一项调查中，年龄在 18～64 岁的美国司机中有 31% 的人表示，在过去 30 天里，他们至少在驾驶时有过一次危险的分心经历，如发短信（或推文、帖子、电子邮件等）。更糟糕的是，这个数字很可能被严重低估了。对自己诚实一些吧。在过去的 30 天里，你有没有在开车时查看过手机或发短信？如果你没有，你坐过的车的司机有没有呢？如果你对这两个问题的回答都是否定的，那就太好了。但恐怕你属于少数。尽管这些危险是众所周知的，但大多数人就是无法抑制查看手机的冲动。

为了找到这种现象的原因，让我们先来看看另一种破坏许多人生活的成瘾现象：赌博。当赌徒在二十一点的赌桌上等待下一张牌或拉下老虎机的拉杆时，他们会受到一种强力的神经化学物质多巴胺（dopamine）的刺激。多巴胺会使我们兴奋。在多巴胺的影响下，我们感到充满活力。与其他在我们取得成就时释放的神经化学物质不同的是，在我们渴望某件事情发生或在某件事情得到回报之前，多巴胺的释放更为强劲。换句话说，我们不是沉迷于胜利，而是沉迷于追逐。

赌博的不可预测性——我们在等待发牌人出牌或老虎机停止转动时体验到的感觉——引发了一种巨大的多巴胺冲动。这是因为胜出的可能性不高这种充满不确定性的情况，比确定每次都会赢的情况更令我们欲罢不能。如果不是这样的话，人们就会兴奋地把钱投入回报率为 4% 的市政债券而不是老虎机了。但遗憾的是，比起接受奖励的行为，大脑会因为我们寻求奖励的行为而奖励我们更多的多巴胺。

虽然从生物化学的角度来看，在现代赌场中沉迷于追逐回报并不算人类生存优势的一部分，但在很久以前，这种行为是必要的。我们如果没有被不可预知的回报吸引，今天就不会在这里了。我们最早的祖先需要一个令人信服的理由来忍受长达数天但并不能保证成功的狩猎，所以我们进化出了对追逐的渴望。

几千年后，我们放不下手机的原因也可以用同样的原理来解释。我们的手机和上面的应用程序就像老虎机一样运转着。这些应用程序是由经验丰富的博士们设计的，目的就是吸引我们持续使用。当我们不断拉下页面，等待我们的电子邮件、即时通信工具、推特等应用程序刷新时，我们的系统中便会充满多巴胺。我们追求的潜在回报不是理想中的扑克牌组合，而是新的点赞、评论或信息。虽然我们中的大多数人并非每次查看手机时都能得到这些奖励，但我们得到这些奖励的频率足以让我们一直查看手机。因为总可能有人在某个地方联系我们，所以我们无法停止使用这个"社交老虎机"，即使我们正在高速公路上。这不仅仅是安全驾驶的问题。涉及表现时，我们也面临着同样的问题。因为，正如我们前面讨论过的，影响力最大的工作——催生伟大和成长的工作——需要我们付出全部的注意力。我们和鲍勃医生见面时，他一次也没看手机。这件事他想都没想过。他甚至没把手机带进房间里。

眼不见，心不烦

防止被智能手机分心的最常见的方法很简单：把手机调成静音模式，倒扣在桌子上，或者把它放在口袋里。不幸的是，仅仅是这一点还不足以让你实现达到最佳表现必需的深度专注。告诉某人他们可以把手机放在伸手可及的地方，但又不准他们查看，这和告诉瘾君子他们可以在视野内摆一支装满毒品的注射器却不能使用它没有多大区别。在这两种情况下，对奖励的渴望以及对它的情感和化学依赖是压倒一切的。

　　大脑对我们的欺骗只会让我们更难抵抗手机的诱惑。你是否曾关掉手机并把它放在口袋里，却感觉它在振动？不止你有这样的感受，很多人都有。印第安纳大学–普渡大学韦恩堡分校（Indiana University-Purdue University Fort Wayne）最近的一项研究发现，89%的大学生患有"幽灵振动综合征"。大约每隔两周，大学生们就会报告说自己有一次误以为手机在振动的经历。虽然他们已经关闭了手机，但他们潜意识里对手机通知的渴望也会表现在身体上。他们会停下手头的工作，去查看他们错觉在嗡嗡作响的手机。

　　当手机离你很近的时候，你需要很大努力才能成功抵抗诱惑，不去查看手机。你本该把所有认知精力都花在你真正想要完成的事情上，实际上却分出一大部分给查看手机的欲望和对其的克制，想象一下，这可能会有什么结果。在《社会心理学期刊》（*The Journal of Social Psychology*）上发表的一项研究中，研究人员让一组大学生在能看见手机的情况下完成一系列难度较大的运动任务。果然，他们的表现比看不见手机的控制组要差得多。当所有受试者的手机都被拿走，但研究负责人的手机还在时，事情就变得更有趣了。令人难以置信的是，即使视野内的手机不是他们自己的，研究受试者的表现也会受到影响。

　　智能手机会分散我们的注意力，无论它们是开着、关着、放在口袋里还是桌子上。即使不是我们自己的，它们也会吸引我们的注意力。虽然对我们作者（布拉德和史蒂夫）来说，这个假设很痛苦，但它是很有可能发生的：就算你不过是在过去几分钟里阅读过有关智能手机的内容，你投入本书的注意力也可能被分散。也许此刻的讨论甚至会促使你去摸你的手机，或者更糟，去查看它。因此，**防止智能手机分心的最好办法就是把它彻底从视野中移除。**"眼不见，心不烦"这句话很有道理。

沃尔特·米歇尔（Walter Mischel）任职于哥伦比亚大学，是世界著名的意志力专家。他花了 30 多年来探索为什么有些人能够抵抗诱惑，有些人则不能。通过多年间对儿童和成人的众多研究，米歇尔发现自我控制的最佳方法之一是把欲望的对象移出视野，或者对手机来说，移出口袋。米歇尔的发现解释了为什么康复中的赌徒被禁止靠近赌场，以及为什么人们一直建议节食者把不健康的食物藏在难以拿到的地方或干脆不放在家里。心仪的东西仅仅落入视野就会引发多巴胺分泌，仿佛有个魔鬼在我们肩上说："你确定你不想来一下吗？"

在写这一章的时候，布拉德开始在他自己的生活中测试"眼不见，心不烦"的作用。无论他是在椭圆机上进行高强度间歇训练、举重还是写这本书，当他的智能手机完全从视野中消失时，他的表现都会有所改善。每项活动真实和客观的表现指标 —— 例如产生的瓦特数、提升的磅数和写下来的字数 —— 都有所增加。这些客观的数据支持了他主观的体验。没有了智能手机，布拉德很快就忘记了它的存在。他觉得自己有了额外的 10%～15% 的精力来完成手头的任务。没有查看手机的选项后，他感觉远不止从口袋里取出一个轻巧的小东西，而是像从肩膀上卸下了一副巨大的重担。

表现实践

☐ 确定是什么妨碍你实现深度专注。常见的因素包括：

∨ 短信

∨ 社交媒体

∨ 互联网

∨ 电视

☐ 消除干扰：记住，只有眼不见，才会心不烦。

穿插短暂休息的益处

给自己压力是很累的。杰出的表现者明白他们所能承受的压力是有限的，他们尊重这一事实。他们意识到，一旦超过了这个限度，原本积极而富有成效的压力就会变得有害和有毒。

埃里克森在对专家的多年研究中发现，各个领域的顶尖人才都无法承受超过 2 小时的紧张工作和深度专注。除罕见的、短期的情况之外，一旦超过这个阈值，身体和大脑都无法承受工作负荷。埃里克森发现，优秀的表现者通常会集中工作 60～90 分钟，然后享受一段短暂的休息时间。

尽管埃里克森的研究主要是在创作型工作者（如艺术家）和竞争性工作者（如棋手和运动员）群体中开展的，但新的研究表明，他的结论在职场上也适用。最近，一家名为德鲁吉姆集团（Draugiem Group）的国际社交网络公司想要揭示是什么习惯让他们最成功的员工与众不同。为了做到这一点，他们与桌面时间（DeskTime）的制造商进行了合作。这是一款非常复杂的时间跟踪应用程序，能够区分员工工作与非工作状态。德鲁吉姆集团发现，他们的全明星员工都遵循着一种特定的规律：他们一般会花 52 分钟专注于自己的工作，然后休息 17 分钟。

与德鲁吉姆集团类似，其他公司也调查和分析了员工的工作情况。无论行业或职位如何，毫无疑问，大块努力工作的时间加上短暂的休息会带来最好的表现。肉类加工厂中劳动生产率最高的工人遵循每小时工作 51 分钟、休息 9 分钟的周期。表现最好的农业工人遵循着在 90 分钟内工作 75 分钟、休息 15 分钟的周期。其他研究发现，高强度脑力工作者的最佳周期是工作 50 分钟后用 7 分钟进行恢复。

虽然确切的工作 – 休息比例取决于工作需求和个人喜好，但总体来说规律很明确：50～90 分钟的紧张工作和 7～20 分钟的休息交替进行，就能维持满足巅峰表现所需的身体、认知和情感能量。这种工作和休息的交替与周围常见的对持续努力工作的推崇背道而驰，后者的一种方式是永远在中等强度这种"中间地带"工作，另一种是无休止地进行高强度工作。这两种更为传统的方法效果都不理想。前者会导致业绩不佳，后者会导致身体、认知和情感上的疲劳，最终导致倦怠现象。

　　一家数据录入公司在员工出现职业倦怠现象后引入了每小时至少5分钟的强制休息时间，外加每天两段更长的休息时间。尽管每位员工"放弃"了大约一个小时的带薪工作，但总产出仍保持不变。更重要的是，员工不适和眼睛疲劳的现象明显减轻了。通过聪明地工作，即繁重的工作和短暂的休息交替，我们最大限度地发挥了自己的潜能，避免了严重的疲劳和倦怠。

　　有趣的是，对跑步界的精英来说，这已经是老生常谈了。20世纪30年代，德国跑步教练沃尔德马尔·格施勒（Woldemar Gerschler）首次开发了间歇训练，即中间有短暂休息的高强度重复跑步。其目标很简单：让跑者在疲劳导致成绩下降之前完成尽可能多的高质量训练。将近一个世纪后，史蒂夫和几乎所有其他顶级跑步教练仍然依靠间歇训练来增加运动员的高质量训练。虽然花了近100年的时间，但我们很高兴地看到，进步的雇主们终于开始意识到休息的价值。

　　就像跑者需要时间来保持高强度间歇训练所需的体能一样，你可能要花些时间才能把注意力集中在工作上。这对那些习惯同时处理多项任务或在数码设备干扰下工作的人来说尤其如此。如果你发现自己很难保持高度专注（例如，总会检查智能手机的通知、打开电子邮件或者走神），那么你可以从10~15分钟的小块时间开始训练，然后每周逐渐增加持续时间。深度专注与其他技能没有什么不同，是需要长期培养的。

表现实践

　　□　将工作分成 50 ~ 90 分钟的时间段（具体时间可能会因任务不同而有所不同）。如果你发现自己很难保持专注，那就从更短的时间开始。

　　□　无论你在做什么，只要养成了健康的习惯，你就能工作更久，效果也会更好。

　　□　对于大多数活动，2 小时应该是工作时间的上限。

思维模式很重要

　　想象一下，在炎热的夏天，你刚刚完成了一项艰苦的户外运动。有人给你一杯冰凉的奶昔。你可能又热又饿，但在放纵大喝之前，你可能会问：奶昔里有什么？它是健康、低热量的有机水果、蔬菜与杏仁牛奶和乳清蛋白的混合物，还是全脂巧克力冰激凌、全脂牛奶和糖浆兑出的卡路里炸弹？

　　科学（和常识）告诉我们，我们的身体对每种饮料的反应是不同的。首先，卡路里炸弹会让我们感到更饱。然而，几个小时后，由于里面有糖，我们会渴望获得更多的糖。另一方面，健康的饮料会让我们精神焕发、精力充沛，让我们的身体更轻盈，但这也可能会让我们的感受不像选择卡路里炸弹后那么满足。也许我们很快就会去吃零食了。

　　耶鲁大学的研究人员在比较人们对刚才描述的两种饮料的反应时证实了所有这些假设。接受不健康奶昔的受试者报告说，他们立刻获得了满足感，但之后想吃更多的糖。他们还经历了胃饥饿素（ghrelin）的急剧下降。胃饥饿素是一种与饥饿有关的激素，它的下降告诉大脑"我饱了"。这一切听起来都不令人惊讶，因为完全符合你的预期，除了一个小小的例外：每个人拿到的奶昔的成分是完全相同的，不同的只是描述。这就是说，受试者的大脑——而不是糖、脂肪、水果、蔬菜或蛋白质——不仅控制了他们喝完奶昔后的主观感受，还控制了他们深层的荷尔蒙反应。

人们很容易忽视思维模式的影响，认为它是一种流行心理学概念，目的是让我们自我感觉更好，但硬科学却讲述了一个完全不同的故事。我们看待世界的视角会影响我们的方方面面，从学习、健康、寿命到我们对"不同"奶昔的激素反应。

固定与成长型思维之差

20 世纪 60 年代末的耶鲁大学，一位名叫卡罗尔·德韦克（Carol Dweck）[①] 的年轻博士生正在研究儿童的无助感。她特别想回答这样一个问题：为什么有些孩子在面对失败时放弃了，而另一些孩子却受到了失败的激励？她发现，答案全在他们的脑子里。

容易放弃的孩子也会逃避挑战，并会在与自己不同的人身上感受到威胁。他们常常认为学习和成长是他们无法控制的。在他们的头脑中，决定他们成败的品质是固定的。用成年人的话说，这些孩子认为是他们天生的能力和天赋——他们的遗传密码——决定了生活中几乎所有事情的结果。对他们来说，他们要么"拥有"，要么"不具备"某些东西。他们不是聪明，就是愚蠢。另一方面，那些会被挑战激励并更倾向于面对挑战的孩子有着完全不同的思维方式。他们觉得只要努力就能做好任何事。他们认为能力不是固定不变的，而是可以随着时间的推移通过练习来获得的。这些孩子具有德韦克所说的"成长型思维模式"。

---

① 德韦克代表作《终身成长》的中文简体字版已出版。——编者注

　　德韦克和她的同事对一组七年级学生的表现进行了为期两年的跟踪研究，他们发现，尽管所有的学生都是从相同的可测量基准开始的，但那些具有成长型思维模式的学生进步得比那些具有固定型思维模式的学生快得多。具有成长型思维模式的学生愿意更努力地鞭策自己，寻找可控挑战，并把有价值的失败视为积极的体验。相反，具有固定型思维模式的学生回避挑战，遇到困难时就会放弃。

　　我们的思维模式似乎在很大程度上超出了我们的控制，而是由我们的父母、监护人，或许还有我们在年少时遇到的第一批老师灌输的价值观塑造的。我们的努力得到回报了吗（成长型思维模式在起作用）？还是说我们仅仅因为结果而得到奖励（固定型思维模式在起作用）？此外，就固定型思维模式的本质而言，具有这类思维模式的人是否天生就固守这种心态？心态是否有办法改变？

　　为了找到答案，德韦克让具有固定型思维模式的七年级学生参加了一个为期8周的课程，重点是神经可塑性，即大脑如何发育的科学。课程包括令人信服的研究和迷人的故事，共同向学生展示了他们的思维可以变得多么灵活。这次课程是有效果的。在课程结束时，绝大多数以前认为自己的能力固定不变的学生改变了观念。更重要的是，他们的升学率提高了。值得注意的是，他们改变了思维模式后，学习效果也提升了，成绩从刚刚及格提升到了优良水平。

　　德韦克的研究证明，**我们思考世界的方式对我们所做的事情有着深远的影响**。如果我们培养起成长型思维模式，并相信技能来自奋斗，那么我们更有可能受到促进成长的积极压力的影响。但思维模式的力量并不仅限于此。事实证明，我们对待压力的思维模式不仅决定了我们是否会受到压力影响，还决定了我们将如何应对压力。

对压力的挑战反应

当你听到"压力"这个词时，你会想到什么？也许你考虑过成长。如果没有，也不要难过。即使本书的第一部分强调了压力的积极作用，你可能仍然很难克服多年来形成的认定压力有害的刻板印象。文化使我们习惯把压力降到最低，不惜一切代价去避免压力。在我们无法避免压力的不幸时刻，会有人传授我们"应对"技巧或策略来"渡过难关"，这样我们就能"将伤害降到最低"。就连本书作者布拉德和史蒂夫在写文章赞美压力时，也会对这个词产生本能的消极反应。这是一种代价高昂、不幸的偏见，很难克服。

凯利·麦格尼格尔（Kelly McGonigal）是斯坦福大学的健康心理学家。多年来，像其他所有健康心理学家一样，她都在孜孜不倦地帮助人们避免压力。她的观点是"压力是不好的"，她的工作是寻找将压力的消极影响最小化的方法。但后来，她发现了一项让她大吃一惊的研究。

2010 年的一项研究发现，将压力视为促进性因素的一小部分美国人过早死亡的概率比将压力视为破坏性因素的人低 43%。比较简单的解释是，对压力持积极态度的人之所以会形成这种心态，是因为他们不经常感受到压力。也就是说，如果你从来没有感到压力，那么你当然会认为压力不是那么糟糕。但当研究人员比较两组受试者经历过的压力事件的总数时，他们惊奇地发现，两组人的数字几乎是一样的。研究人员控制了思维模式以外的几乎所有变量，仍然发现死亡率存在显著差异。对待压力的态度这样简单的因素真的能延长寿命吗？

麦格尼格尔被这个问题迷住了。这么多年来，她是否一直误解了事物的本质？她把对答案的探索汇集成《压力的好处》（*The Upside of Stress*）一书，这本书挑战了关于压力的主流观点。她发现，大量的证据表明，**压力如何影响我们，很大程度上取决于我们如何看待**

压力。

　　有些人学会把压力看作挑战而不是威胁。这种被研究人员称为"挑战反应"的观点，其特征是把压力看作一种有益的事物，就像我们之前写过的，是一种刺激成长的因素。在压力中，那些表现出挑战反应的人会主动关注他们能控制的部分。有了这种观点，恐惧和焦虑等消极情绪就会减少。这种反应能让他们更好地应对压力，甚至在压力下获得更好的表现。但这还不是全部。就像我们应对奶昔的心态会改变我们深层的生理特征一样，我们应对压力的心态也会改变我们的身体。

　　当我们感到压力时，许多激素都会发挥作用，其中有两种尤为重要：皮质醇和脱氢表雄酮（DHEA）。虽然两者没有绝对的好或坏，而且都是必要的，但长期升高的皮质醇水平与持续的炎症、免疫功能受损和抑郁症有关。脱氢表雄酮也是一种神经类固醇，有助于大脑生长。在压力下，你会释放更多的脱氢表雄酮而不是皮质醇。这个比率被称为"压力成长指数"，很能反映问题。果然，研究表明，与那些将压力视为威胁的人相比，那些对压力做出挑战反应的人的压力成长指数更高。换句话说，如果你把压力看作挑战，你释放的脱氢表雄酮会比皮质醇更多，因此，你的压力成长指数会更高，你的健康也会受益而非受损。而且，根据我们之前提到的 2010 年关于压力和死亡率的研究，你的寿命可能也会更长。

　　很明显，培养一种成长型思维模式和对压力的挑战反应是非常有益的。这些心态有益于我们的健康，还能延长我们的寿命。而且，正如我们将要了解的，它们也能提高我们的表现水平。

最优秀的人是如何看待压力的

　　在奥运会比赛开始时，大多数运动员看上去都是一副坚忍不拔、目光坚毅的样子。几乎不会有人表现出焦虑。与此形成对比的是，在你们当地的 5 公里比赛中，试图以每英里 8 分钟的速度奔跑的业余参赛者们往往感到紧张，压力很大。无论比赛水平如何，所有比赛的目的都是争夺最后一枚奖牌。所以，为什么这两类人的表现会不同呢？是顶级表现者对压力免疫这么简单的原因吗？当然不是。他们只是知道该如何有效地引导它。

在一项覆盖了 200 多名优秀和普通游泳运动员的研究中，研究人员使用了一项心理学调查问卷（竞争状态焦虑量表）来测量运动员在重大比赛前的压力，然后询问每位运动员他们认为压力是有益还是有害的。他们发现，在比赛之前，优秀和普通游泳运动员都体验到了同样的认知和身体压力。当站在泳池边等待发令员的枪声和即将到来的痛苦时，他们都感到了紧张、焦虑，甚至是一点点的恐惧。不同之处在于，普通运动员认为压力是需要避免、忽视和尽力平息的。他们觉得压力会影响他们的表现。而优秀运动员把压力和随之而来的感觉解释为对自己表现的一种帮助，这让他们做好了充分发挥身体能力的准备。换句话说，精英们对压力表现出了一种挑战反应，因此，他们并没有受到太多的困扰。如果说压力对他们有什么帮助的话，那就是将他们高涨的生理兴奋转化成了泳池里的爆发力。

发表在《实验心理学期刊》（*Journal of Experimental Psychology*）上的另一项研究表明，将表演前的焦虑当成兴奋的做法往往是有益的，试图让自己平静下来反而不是明智的选择。当你试图抑制重大事件前的紧张情绪时，你其实是在本能地告诉自己出了问题。这不仅会使情况变得更糟，你还需要情感和身体上的能量来对抗焦虑感——这些能量本可以被投入手头的任务中，得到更好的利用。幸运的是，这篇文章的作者表示，简单地告诉自己"我很兴奋"，就能将你的态度从前文中的"威胁心态"（紧张和忧虑）转变为"机会心态"（加速并准备好出发）。"与那些试图平静下来的人相比，"作者总结道，"那些将焦虑情绪转化为兴奋的人表现得更好。"换句话说：你在重大事件前的感觉是中性的。如果你从积极的角度看待，这些感觉便更可能对你的表现产生积极的影响。

这些研究证实了我们为撰写本书而采访的每一位杰出表现者告诉我们的道理。他们都承认感到了压力，尤其是在重大事件之前。但他们也都表示，相比试图把压力赶走，他们更愿意把压力导向手头的任务。用世界皮划艇冠军戴恩·杰克逊（Dane Jackson）的话来说，"在皮划艇运动的每个时刻，恐惧（或许是最强大的压力）都与我相伴，无论是在我为在最大的瀑布上划行做准备的时候，还是在世界锦标赛的最后一次练习之前。我不会逃避它，也不会试图忽视它。我能感觉到恐惧，并会引导它来帮助我集中注意力、完成行程，或者尽可能地划到最快"。

对思维模式的研究并不能说明先天能力无关紧要，但它确实表明，如何培养我们的天性也很重要。**正确的思维模式会帮助我们迎接"勉强可以应对的挑战"并优化我们应对挑战的方式，从而帮助我们获得成长。**

在前两章中，我们重点讨论了成长等式的前半部分：压力。我们探索了适当程度的压力是如何成为促进成长的强大刺激因素的，技能是如何从煎熬和有成果的失败中获得的，以及积极寻找"勉强可以应对的挑战"的价值。我们还学会了如何给自己适当的压力：在不超过2小时的时段内集中注意力，进行有意识的练习，不使用数码设备。最后，我们发现我们的心态不仅会影响我们对压力的感知，还会影响我们对压力的反应。

虽然给自己压力并带着一种成长型思维模式去做事会让我们感到艰难，但事实证明，这实际上可能是容易操作的部分。这个转折看上去有些矛盾，但成长等式的后半部分，也就是休息，可能是更困难的。欧内斯特·海明威（Ernest Hemingway）表示，尽管他觉得写作难度很大，但"等待第二天再继续工作时的感受"——也就是他强迫自己休息的时候——才是最难的。或者，用另一位伟大作家斯蒂芬·金（Stephen King）的话来说，"对我来说，不工作才是真正的工作"。

接下来，我们将讨论成长等式的后半部分——不工作的工作——休息。

表现实践

□　记住思维模式的力量：你看待事物的方式从根本上改变了你的身体对它的反应。

□　你在感到压力的时候，提醒自己这是身体准备应对挑战的自然方式；深呼吸，把高度的兴奋和敏锐的知觉能力贯注到手头的任务上。

□　挑战自己，有效地看待压力，甚至欢迎它。你不仅会表现得更好，健康状况也会得到改善。

第 四 章

以退为进的休息

亚当是我们的朋友，他是谷歌自动驾驶汽车项目 Waymo（如今已经成为一个独立公司）的工程师。他说，他每天的工作状态近乎疯狂。当他在实验室的时候，外面的世界都消失了。我们知道这一点，不仅因为他是这么说的，也因为我们给他发的短信和电子邮件几乎总是无人回复。亚当全力以赴地工作，全身心地投入到这项事业中——如果谷歌的前进方向无误，这个项目将彻底打破现有市场格局。然而，亚当永远不会这么表示。他知道，在夸夸其谈之前，他和他的团队必须首先解决很多问题，比如，如何教会一个以每小时 70 英里的速度移动的无生命物体区分一只飘舞的塑料袋和一头走上公路的鹿。

谷歌是建立在自动驾驶汽车这样的项目之上的：在成长遇到阻力的时候，煎熬和有意义的失败不是工作的结果，而是背后的驱动力。这家公司吸引了很多精英和顶尖的创意思想家，他们对自己的工作充满激情。再加上紧迫的截止期限和不怕挑战极限的同事，不难理解为什么像亚当这样的员工会如此专注于自己的工作。谷歌已经找到了解决压力的方法。但谷歌明白，方法只是成功的一半。没有休息，谷歌就不会有创新。而且，劳动力最终会被瓦解和耗尽。

毫无疑问，职业倦怠是谷歌最大的威胁之一，而让充满激情的员工有所节制往往比推动他们前进更难做到。幸运的是，与公司所有其他项目一样，谷歌采用了相同的创新思维来应对这个困境。但与谷歌所做的其他工作不同，他们并没有借助前沿技术来帮助员工休息。相反，他们求助于古老的东方哲学来解决这个问题。

探索内在的自己

在谷歌发展早期，第 107 号员工陈一鸣（Chade-Meng Tan）注意到，尽管他和同事们在"开始工作"方面没有问题，但打算"停止工作"时却非常困难。短暂的休息是不可能的，更不用说在晚上和周末抛开工作了。即使早期的谷歌员工想要休息，他们的工作节奏和兴奋感也让他们很难做到这一点。谷歌发展得很快，但陈一鸣明智地意识到，这种没有休息的工作压力是不可持续的。

在谷歌，陈一鸣是一名软件工程师。在工作之余，他热衷于正念练习——一种专注于呼吸的佛教静坐方法。陈一鸣的正念练习帮助他从紧张工作的压力状态过渡到一种宁静的状态。他还发现，这种方法打开了他的眼界，能让他抓住此前没能发现的灵感。陈一鸣认为，正念练习正是谷歌需要的方法。

因此，在 2007 年，陈一鸣为谷歌员工开设了一个为期 7 周的专注冥想课程"探索内在的自己"（Search Inside Yourself）。起初，他的同事们并不情愿。他们质疑这种神秘兮兮的，让人想到新世纪音乐、蜡烛和吟唱的练习能对他们有什么帮助。但没过多久，陈一鸣的同事们就认识到，正念——与刚才提到的那些联想无关——有能力改变他们的工作和生活方式。很快，参加过这个课程的谷歌员工就对其赞不绝口。他们感到心灵更加平静，头脑更加清醒，注意力更加集中。他们能够在一天结束的时候真正停止工作，甚至可以完全把工作抛到脑后，这样才能通过周末和假期真正恢复活力。

关于"探索内在的自己"课程的消息很快就在谷歌传开了。没过多久，陈一鸣在工程师本职之外教授这门课程的能力便无法满足人们对这门课程的需求。谷歌的领导团队也注意到了这门课程的好处。他们的员工变得更健康、更快乐、更有效率了。他们找到陈一鸣，问他是否有兴趣全职教授正念练习，并领导一个名为"个人成长"（Personal Growth）的新部门。陈一鸣被这份工作惊呆了，他表示，自己接受这份工作的条件只有一个：他不再使用"软件工程师"的头衔。他要求被称为"快乐的好人"。

"探索内在的自己"课程不断发展，最终已经不是谷歌内部的小小培训项目了。今天，独立的"探索内在的自己领导力学院"（SIYLI）有着更广泛的任务：向各种组织的成员传授正念方法。陈一鸣仍然积极从事着董事会主席的工作（尽管他仍然希望同事称他为一个"快乐的好人"），领导着 14 名全职员工，致力于传播正念的力量。

为了了解更多关于正念的知识，我们访问了位于旧金山普雷西迪奥区的探索内在的自己领导力学院。在那里，我们遇到了布兰登·伦纳尔斯（Brandon Rennels），他是一位专注力老师。伦纳尔斯大约 30岁，但他的头发已渐渐变白，仿佛在告诉我们"正念的智慧充满了这个脑袋"。从我们收集到的信息来看，确实如此。

第一次与伦纳尔斯见面时，我们就注意到，他完全活在当下。他的每一个动作都有意图。他用深沉的目光注视着周围的每一个细节。当我们走进一间会议室（这间会议室他可能已经来过几百次了），他观察着这个房间的样子就像走到一块突出的岩石上观察大峡谷一样。同样的事情也发生在他打开笔记本电脑的时候：他看起来就像一个第一次探索一台苹果电脑的 4 岁孩子。伦纳尔斯细致地观察着周围一切，似乎对我们认为很普通的东西感到敬畏。

伦纳尔斯告诉我们，他之前并不是这样的。在进入探索内在的自己领导力学院之前，他在一家大型管理咨询公司工作。尽管他很适合这份工作，他的晋升经历和优秀的业绩评估也证实了这一点，但这份工作并不适合他。伦纳尔斯意识到自己追逐着外部奖励，渴望着更高的地位。他发现自己很难集中注意力 —— 考虑到我们在探索内在的自己领导力学院目睹的一切,这令人难以置信 —— 他永远无法让自己狂奔的头脑平静下来。他告诉我们,即使在不工作的时候,他的头脑也在工作。和早期的谷歌员工一样,伦纳尔斯根本无法结束工作状态。但是,他表示,"当我开始认真学习正念方法后,一切都变了"。

伦纳尔斯在作为一名顾问工作了 3 年后,偶然发现了关于正念的几篇文章和一本书。他开始做这种练习。就像陈一鸣在谷歌那样,他在正念练习中找到了解决自身许多问题的方法。他坚持定期冥想,从每天 1 分钟开始。

仅仅几周后,伦纳尔斯就注意到,自己身上发生了某些深远的变化。他越来越能感受到自我的存在与情感,也越来越能意识到这些情感是如何促成某些行为的。在工作中,当他积极地解决问题时,他的大脑仍然可以快速运转,但在一天结束时,他能够让它平静下来。他聆听得更专注了,睡得也更香了。伦纳尔斯告诉我们,随着冥想时间和频率的增加,他开始觉得他的自我控制力提升了,他不再被周围的世界支配。他回忆道:"好像我生活中的每一个元素都得到了升华。"

促进工作状态结束的正念练习

正念意味着你要完全活在当下,充分感知自我和周围的环境。你可以把冥想看作一种非常具体而有效的训练,能让你在生活的任何时候都更专注于当下。当你冥想时,你就在锻炼你的"正念肌肉"。简单做法如下:

- 坐在一个舒适的位置,最好是在一个安静的地方。
- 深呼吸几次,使用鼻子吸气和呼气。
- 让你的呼吸恢复自然节奏,专注于呼吸本身的感觉,注意腹部随着每次呼吸的起伏。如果有想法出现,注意到它们的存在，然后再把你的注意力带回呼吸的节奏和你的感觉上。

■ 设置一个计时器，这样你就不用考虑时间了。从 1 分钟开始，逐渐增加持续冥想的时间。

最近的大脑研究开始显示，正念冥想具有可以测量的巨大优势。研究人员发现，从每天几分钟的冥想开始，正念冥想会让大脑前额皮质部分的灰质增加。前额皮质是我们大脑中最发达的部分之一，它的复杂性使我们有别于那些更原始的动物。除了形成高阶思维以外，前额皮质还是大脑的指挥和控制中心。它让我们对情况做出深思熟虑后的而非本能的反应。拥有发达的前额皮质对发展从压力过渡到休息状态的能力尤为重要。

当我们挑战自己的时候 —— 无论是进行艰苦的锻炼、学习一种新乐器还是不知疲倦地解决一个复杂的问题 —— 我们都在触发大脑的应激反应。正念加强了我们的前额皮质，让我们认识到我们正在经历一种压力反应，而不是自动地被压力征服。这让我们能以一个中立观察者的身份来看待自己的想法和感受，然后选择下一步要做什么。较弱的前额皮质会被较强的压力反应击倒，但强大的前额皮质能让我们选择如何应对压力。

为了更好地理解冥想是如何进行的，威斯康星大学麦迪逊分校（University of Wisconsin-Madison）的研究人员设计了一个实验，从内部和外部观察（外部观察只需不到 1 秒钟）冥想新手和冥想专家对压力反应的不同。研究人员首先用滚烫的金属丝烧灼两组受试者的腿。起初，两组的反应是一样的，他们都立即做出了应激反应 ——"哎哟"。但这是两组唯一的共同点。除了观察受试者的外部反应，研究人员还通过功能性磁共振成像扫描他们的大脑内部。大脑内部的情形和外部反应一模一样。起初，两组受试者与压力最初反应相关的大脑区域（次生体感皮层）表现出了相同的活动水平。这代表了先前的"哎哟"。

随着压力反应的继续，新手组的杏仁核存在明显的活动。杏仁核是我们大脑中进化程度较低的结构之一。即使是最原始的动物，比如啮齿动物，也具有和我们类似的杏仁核。杏仁核通常被称为大脑的"情感中心"，它控制着我们最基础的本能，比如饥饿和恐惧。当我们感觉到威胁时，正是杏仁核触发了我们的压力反应：我们变得紧张，准备开始行动。虽然它可能有助于我们在野外躲避捕食者，但在面对现代压力源时，这不是保持冷静的最佳方法。功能性磁共振成像显示，这些冥想新手的杏仁核活动揭示了他们为什么会继续与疼痛和不适做斗争。他们的大脑正在经历神经学家所说的"杏仁核劫持"——大脑中情感占上风的现象。他们就是无法结束自己的压力反应。即使在滚烫的电线被拔掉后，这些新手仍然处于紧张和情绪化的状态。

另一方面，冥想专家们的内部与外部反应有了完全不同的表现。在最初的烧伤之后，他们能够自主结束自己的压力反应，避免刺激导致长期的情绪反应。他们虽然会感觉到疼痛，心想"哎哟，好疼"，但其后会有意识地选择不再做出任何反应。这些冥想专家的大脑中没有发生杏仁核被劫持的现象。他们能够克服天生的压力反应。这是一个极端的例子，但正是这样的能力让探索内在的自己领导力学院的正念培训师布兰登·伦纳尔斯在辛苦的一天结束后能够进入彻底的休息状态。

有经验的冥想者并不是唯一能主动选择应对压力方式的专家，史蒂夫训练的优秀跑者也可以。这种现象作为例子，再次证明了在看似截然不同的事业——如跑步和冥想——中表现优秀的人本质上具有共同点这一观点。

剧烈的长时间运动会导致伤痛，每天跑步的人，甚至是非常优秀的跑者，也常常会受其折磨。他们心想：哦，糟糕，已经很疼了，前面还有那么长呢。这些情绪化的想法会导致恐慌、心率加快、肌肉紧张。结果是，主观感觉和表现都会下降。但对最好的跑者，比如史蒂夫指导的那些运动员来说，情况就不一样了。**并不是说优秀的跑者在艰苦的训练中不会感到疼痛和不适，而是他们的反应不同。**他们并没有惊慌失措，而是在脑海中形成了史蒂夫所说的"平静对话"。

"平静对话"是这样的："**现在开始疼了。这是正常的。我跑得很艰难。但我可以跳出去，冷眼旁观这种痛苦。一切都会好起来的。**"就像冥想专家一样，史蒂夫训练的最好的跑者会自主选择应对锻炼带来的压力的方式。他们的杏仁核没有被劫持。虽然这些优秀跑者中不是所有人都会选择冥想的方式，但他们都通过多年来对自己内心的专注练就了强大的"正念肌肉"，而这正是优秀跑者需要的。史蒂夫没有扫描过他们的大脑，但我们敢打赌，如果他扫描了，他会发现他们的前额皮质充满了灰质。

在成为一名优秀跑者的过程中，史蒂夫指导的运动员布莱恩·巴拉萨经历了许多年轻跑者在他们的第一场重要比赛中经历过的事——失败。当巴拉萨还是休斯敦大学的一名大一新生时，他有机会（以及足够的身体素质）获得全美 10 公里锦标赛的参赛资格。但巴拉萨并没有像往年一样进入前十，而是令人失望地排在第 28 位。比赛结束后，巴拉萨对史蒂夫说："这让我难过，我恢复不过来。"

史蒂夫花了一年时间和巴拉萨一起训练，帮助他学会如何适应不适，重点帮助他接受每一次艰苦的训练或比赛都会带来的痛苦。史蒂夫不是教巴拉萨忍住疼痛，而是教他开展"平静对话"。一年后，在同一场比赛中，巴拉萨取得了第 4 名的成绩。这一次，巴拉萨不仅成绩有进步，赛后的报告也有所不同。"当我开始感到疼痛时，我感觉你就在我身边，就像在训练一样，"巴拉萨对史蒂夫说，"就像我在比赛中进行了一次简单的对话——先是和你，然后是和我自己。当它开始变得非常困难的时候，我没有试图强迫自己走出痛苦或与之抗争。相反，我提醒自己，这很正常，我很放松。"

大三的时候，巴拉萨心无旁骛地跑赢了资格赛。毫无疑问，在他的大学生涯中，他的身体条件确实有所提高。但正是由于他的心理状况有所改善，他才得以充分发挥身体上的优势。

正念不仅能帮助最好的运动员完成艰苦的训练，还能帮助他们恢复。我们只需要看看心率变异性（HRV）或称"心跳间隔"，就可以证明这一点。心率变异性是全球范围内通用的衡量生理恢复水平的指标。一个人的心率越快恢复到运动前的数值（基线），说明其状态越好。研究表明，经过艰苦训练后，优秀运动员的心率恢复速度远快于普通运动员的。在一项研究中，高强度运动 15 分钟后，优秀运动员的心率已经恢复到基线值的 80%，然而普通人群的这一数值仅为 25%。30 分钟后，优秀运动员的心率已经恢复正常，而普通运动员的心率仅恢复到 40%～45%。就像优秀的冥想者一样，优秀的运动员从压力过渡到休息状态的速度比普通运动员快。有句谚语说，**最优秀的人与其他人的区别体现在艰苦工作之时。这不够全面。最优秀的人也比其他人更会休息。**

对"正念肌肉"的锻炼可以为你创造空间，让你在选择应对压力的方式时更游刃有余。在接受挑战的过程中，专注力会帮助你保持冷静和镇定。它能让你把你所有的身体和心理能量都用来完成手头的任务，而不是浪费在担心上。挑战过后，正念让你选择结束压力，过渡到更平静的状态。正如我们所看到的，这可能意味着放慢你的思维或心跳的速度。无论你是一名工程师还是一名运动员，正念都是一种休息的方式，可以帮助你更快、更有预见性地达到目的。但我们的讨论即将进入一个有趣的转折：当你进入那种宁静的状态时，"休息"便不再是被动的了。

表现实践

　　□　锻炼你的"正念肌肉"最好的方法是练习正念冥想：

　　∨　选择一个外界干扰最小的时间，比如早上刷牙后或晚上睡觉前。

　　∨　找个舒适的姿势坐下，最好是在一个安静的地方。

　　∨　设置一个计时器，这样你就不会总去想还有多久。

　　∨　开始深呼吸，用鼻子吸气和呼气。

　　∨　让你的呼吸恢复到自然节奏，专注呼吸的感觉，注意腹部随着每次呼吸的起伏。如果有想法出现，注意这些想法，然后清空大脑，把你的注意力带回呼吸的感觉上。

　　∨　从 1 分钟开始，逐渐增加持续时间，每隔几天增加 30 ~ 45 秒。

　　☐　频率比持续时间更重要。每天冥想是最好的，即使这意味着每次冥想的时间要短一些。

　　☐　在日常生活中运用你不断提高的正念能力。

　　☐　在压力大的时候进行"平静对话"。

　　☐　知道自己什么时候想要"关机"，然后把压力抛诸脑后。停下来做几次深呼吸有助于激活前额皮质，这里是大脑的指挥和控制中心。

休息状态下的大脑：默认模式网络

　　1929 年，一位名叫汉斯·贝格尔（Hans Berger）的德国精神病学家利用他在 5 年前发明的一项新技术进行了一系列研究。这项技术被称为"脑电图"（EEG），它描绘了大脑中的电活动。通过在病人头皮上安装传感器，贝格尔可以对他们大脑的内部展开观察。他使用这个装置的目的是了解大脑的各部分分别执行什么任务。他让病人回答算术问题，指导他们画画，或者让他们解谜——同时监测他们大脑中的电活动。果然，他发现不同类型的任务会产生不同的电活动模式。贝格尔和他的脑电图让我们对大脑如何工作有了全新的认识，也让我们了解了大脑是如何休息的。

在一项实验中，贝格尔让脑电图机开着，而病人正在休息。他注意到负责追踪大脑电活动的脑电图针并没有停止移动，相反，它们继续疯狂地嗡嗡叫着。当时流行的观点是，在不执行具体任务时，大脑基本上会呈停摆状态。但贝格尔观察到病人的大脑仍然非常活跃，即使他们没有在做任何事。

贝格尔发表他的发现时，大脑在休息时保持活跃的那部分在很大程度上被忽略了。尽管贝格尔对他的病人大脑不工作时发生的事情很感兴趣，但科学界的其他人更关心的是大脑积极工作时的情况。

接下来 70 年里的研究集中在任务激活的脑区（task-positive network）上，也就是在我们努力完成需要集中注意力的任务时大脑中被激活的部分。直到 2001 年，华盛顿大学圣路易斯分校（Washington University in St. Louis）的神经学家马库斯·雷克利（Marcus Raichle）才重新开始研究很久以前贝格尔发现的令人困惑的被动活动。利用功能性磁共振成像观察大脑内部时，雷克利发现，当人们走神和做白日梦时，大脑的某个特定区域会持续活跃。他称之为"默认模式网络"。有趣的是，当雷克利的实验对象再次开始集中注意力时，默认模式网络变黑了，而任务激活的脑区又开始活跃起来。

多亏了功能性磁共振成像技术的帮助，与贝格尔近一个世纪前的发现不同，雷克利的工作促使人们对休息状态的大脑进行了更多的科学研究。这些研究表明，即使我们感觉大脑处于"关机"状态，一个强大的系统 —— 默认模式网络 —— 仍在后台运行，完全不被我们的意识察觉。我们即将看到，正是这个在我们"关机"时还在继续运行的系统，经常成为灵感和突破的源泉。

灵光一闪：创造力来自何方

回忆一下你最有创造力的时候。想想某次你一直在努力解决的难题的答案突然出现在你脑海中，当时你在做什么？你很可能并没有在思考问题，更有可能的是在洗澡时走了个神。如果是这样的话，你就和伍迪·艾伦（Woody Allen）是一类人了。艾伦靠洗澡来产生灵感的火花。当他陷入僵局时，他表示，"对我有帮助的是上楼冲个澡……所以我会脱下衣服，给自己做一个英式松饼，试着让自己清醒一点，再去洗个澡"。说到在洗澡时产生创造性思维，艾伦并不是独一份，防水白板和防水笔记本电脑的存在就证明了这一点。

如果不是在洗澡的时候，也许你最好的主意是在跑步或散步时想到的。从克尔凯郭尔（Kierkegaard）[①]到梭罗（Thoreau）[②]，许多受人尊敬的哲学家都把他们每天的散步视为神圣之事，认为这是产生新思想的关键。梭罗在他的日记中写过一句著名的话："我认为，当我的腿开始移动时，我的思想就开始流动。"

或者，也许你的顿悟出现在半夜醒来去洗手间或者刚从午睡中醒来的时候。最优秀的发明家睡觉时常常把笔记本放在床头柜上。托马斯·爱迪生（Thomas Edison）是打盹的狂热支持者。不是因为打盹会帮助他补充睡眠，而是因为他会在打盹时获得新的想法。

麦克阿瑟"天才奖"得主、百老汇音乐剧《汉密尔顿》（*Hamilton*）的创作者林-曼努埃尔·米兰达（Lin-Manuel Miranda）这样说："一个好主意不会在你做一百万件事的时候出现。好主意是在休息的时候产生的。在你淋浴的时候，和你的儿子一起涂鸦或者玩火车的时候，它就来了。当你的思维完全转移到要解决的事情对面时，灵感才会出现。"

[①] 索伦·克尔凯郭尔，丹麦宗教哲学心理学家、诗人，被视为存在主义之父。——编者注

[②] 亨利·戴维·梭罗，美国作家、哲学家，超验主义代表人物。——编者注

把这些有趣的轶事拼凑在一起，一个有说服力的主题就出现了。**我们最深刻的思想往往来自艰苦思考之间的小空隙：当我们的大脑处于休息状态时。**科学研究证明了这一点。研究人员发现，尽管在醒着的绝大部分时间，我们都在努力思考，但我们40%以上的创造性想法都是在休息时涌现的。

大多数创造性发现都遵循着一条标准的弧线。首先，我们全身心投入到工作中，对一个主题进行彻底的思考。虽然我们的意识让我们走得相当远，但无论我们多么努力尝试，总会有一些缺失的东西无论如何都无法想通。当我们达到这一阶段时，尽管看起来有违直觉，但我们能采取的最佳措施就是停止尝试。通常，如果我们从有意识的、积极的思考中走出来，让我们的大脑休息，缺失的部分就会自己神秘地出现。就像那位精明的长跑运动员（迪娜·卡斯托尔，我们在第一章中介绍过她）说的，她成功的秘诀在于停止训练，产生创造性想法的秘诀在于停止努力思考。为了更好地理解这种魔力，我们必须研究一下意识和潜意识之间的区别。

潜意识的创造力

当我们积极地做某件事的时候，我们的意识（任务激活的脑区）在起作用。它以一种呈线性和"如果-那么"逻辑性的方式运作：如果这样，那么那样；如果不是这样，那么可能不是那样。在绝大多数活动中，这种线性思维都很适合我们。但每隔一段时间，我们就会陷入困境。我们可能会坐在那里盯着电脑屏幕或白板，试图明确一些事，但我们只要还在努力，就很可能会失败。只有当我们停止尝试的时候，我们的意识才会消失在背景中，而我们的潜意识（默认模式网络）就会接管大脑。

我们的潜意识以一种完全不同于我们意识的方式运作。它打破了线性思维的模式，工作方式更为随机，会从我们的大脑中提取信息。当我们有意识地做某件事时，这些信息是无法获取的。正是在大脑潜意识的部分，在与我们的意识行进的狭窄的"如果－那么"高速公路接壤的广阔森林里，我们的创造性想法正在生成。神经科学家发现，潜意识总是在工作，在幕后慢慢地运转。但就像雷克利发现的那样，**只有当我们关闭意识，进入一种休息状态时，我们才能从潜意识中获得灵感。**

大卫·高斯（David Goss）是一位数学家，他对在休息期间出现的创造力有着第一手的经验。高斯是俄亥俄州立大学（Ohio State University）数学系的荣誉退休教授，他因在数论方面的开创性工作而享誉国际。他在过去的 40 年里创造了一种全新的数学语言，解决了传统语言无法解决的问题。实际上，他创造了一个"平行宇宙"，使不可能的数学问题成为可能。为了获得发展出这个平行宇宙的创造性灵感，高斯必须进入他头脑中的平行宇宙。

从开始记事时起，高斯就对数字情有独钟。20 世纪 70 年代初，当高斯还是密歇根大学的大一新生时，他就全身心地投入到了数学中。他告诉我们，他每天想的只有数学。他在数学课上的表现非常出色，但这是以牺牲其他一切为代价的 —— 他忽视了数学以外的所有课程。在他大三的时候，情况变得非常糟糕，以至于他的导师告诉他，要么好好表现，要么走人。高斯选择了后者，前往哈佛。在那里，他受到了热烈欢迎，开始攻读数学博士学位。他告诉我们："我在哈佛大学获得了硕士和博士学位，但没有本科学位。没有就没有吧。"

由于不用勉强自己平衡其他学科成绩，高斯的数学成绩突飞猛进。23 岁时，高斯突然意识到数学是受当前结构限制的。高斯说："我记得我当时在想，肯定有更好的方法，一种能够在我们认为可能的方式以外推动数学进步的方法。"这个想法，以及后来许多开创性的想法，都不是他在黑板上想到的。相反，他表示："所有这些疯狂的想法都是通过我的潜意识产生的，就在我骑着自行车或者只是到处走走的时候。事实上，有些想法是疯狂的。但也有一些一点儿也不疯狂。"他会在第二天摒弃那些疯狂的想法。但那些不那么疯狂的呢？它们被他发展为新的数学语言。

毫无疑问，高斯有着聪明的头脑。但他的潜意识以及他从工作和休息中抽身的勇气同样值得我们欣赏。"**潜意识是一种极其强大的东西，**"高斯告诉我们，"**这就好像，你工作的唯一动力就是给你放下工作的那一刻做准备。**"

尽管高斯从来都不是一个运动员，但他也遵循了运动员训练的这种周期性法则：给自己的大脑施加压力，然后等它恢复，直到发现新的想法并将其发扬光大。高斯并不是唯一在休息时获得空前成功、取得突破的人。接下来，我们来看另一位杰出表现者的故事，他是一位专业运动员，他休息的勇气带来了另一种突破。这是一个名叫罗杰·班尼斯特（Roger Bannister）的跑者的故事。

表现实践

　　☐　当你从事一项繁重的脑力劳动并陷入僵局时，停下手中的工作。

　　☐　远离你正在做的事情至少 5 分钟。

　　☐　工作压力越大，需要的休息时间越长。

　　☐　如果任务真的很艰巨，可以考虑第二天早上再做。

　　☐　在休息时间里，如果你不睡觉（我们很快会详细介绍睡觉），那就进行一些几乎不需要费力思考的活动。我们将在第五章详细探讨如何填补你的休息时间，但现在也可以介绍一些这样的活动：

　　√　听音乐

    √ 散步

    √ 享受大自然

    √ 洗澡

    √ 洗碗

    □ 休息过程中，你可能会迎来顿悟时刻。如果真的发生了这样的事，很好。即使你在休息时没有收获顿悟，你的潜意识仍然在工作。你回到工作中后，更有可能取得进步。

休息助力突破

    1954 年 5 月 6 日，英国牛津。砰！随着发令员一声枪响，在拥挤的体育场里，英国田径明星罗杰·班尼斯特开始挑战不可能完成的任务：在 4 分钟内跑完 1 英里。

    20 世纪四五十年代，1 英里跑是最负盛名的赛跑项目，就像今天的马拉松一样。当时的跑步界痴迷于追求 1 英里跑突破 4 分钟大关，就像如今的跑步界一直在探讨马拉松能否跑进 2 小时一样。1 英里跑的世界纪录由 1913 年的 4 分 14 秒逐渐缩短到 1934 年的 4 分 06 秒和 1945 年的 4 分 01 秒。但是，它停在了离 4 分钟一步之遥的地方，一停就是 10 年之久。这并不是因为没有人尝试。很多来自世界各地的最好的运动员宣称他们能跑进 4 分钟。为了突破这个界限，他们专门设计了自己的训练内容。但是，无一例外，他们都没有做到，成绩停留在 4 分 03 秒、4 分 01 秒、4 分 04 秒、4 分 02 秒。似乎没有人能突破这最后几秒钟。生理学家和医生开始怀疑人类是否真能在 4 分钟内跑完 1 英里。他们推断，人类的心脏和肺无法承受这样的运动强度。

    和当时所有伟大的运动员一样，班尼斯特已经很接近世界纪录了，就差短短几秒钟，他认为自己能突破这个界限。因此，1954 年初，当班尼斯特宣布他将再次挑战世界纪录时，他真的相信自己能做到。但在突破历史之前，班尼斯特做了一个看起来非常奇怪的决定。他放弃了在跑道上进行高强度间歇训练的计划，而是在比赛前两周驱车前往苏格兰山区。几天来，他和几个朋友只字不提跑步，更不用说看到跑道了。相反，他们徒步爬山，在心理甚至身体上都完全停止了与跑步相关的一切活动。虽然徒步旅行是一项很好的锻炼活动，但它与班尼斯特习惯的那种令人兴奋的400米往返跑相去甚远。换句话说，相较他日常训练的内容，班尼斯特在休息。

回到英国后，班尼斯特再次震惊了跑步界的每一个人。他没有为了弥补失去的时间马上跳上跑道，强迫自己做一些"恐慌训练"，而是继续休息。在接下来的3天里，班尼斯特让自己的身体从前几个月的训练中恢复过来。在离正式挑战纪录只有几天的时候，班尼斯特完成了一些短时训练来调整身体，但也仅此而已。班尼斯特的身体很好，这是件好事。他需要竭尽全力来重新定义跑步的极限。

让我们回到1954年5月6日牛津的赛道上。在只有一名选手和他并驾齐驱的情况下，班尼斯特以3分0.7秒的成绩跑完了第三圈，速度略低于每英里4分钟。叮！当标志着最后一圈的铃声响起时，班尼斯特突然狂奔起来。当他慢慢在赛场上与其他选手拉开差距，现场的每个人都站了起来：3分40秒、3分41秒、3分42秒……在最后的直道上，他爆发出巨大的能量，向终点冲刺，观众声嘶力竭地尖叫……3分54秒、3分55秒……当班尼斯特冲过终点线时，他除了自己的努力之外什么也没意识到。赛场广播员诺里斯·麦克沃特——他将继续为吉尼斯世界纪录添砖加瓦——进行了一次最令人难忘的播报。

女士们，先生们，这里是项目9——1英里跑的比赛结果。第一名，41号，罗杰·班尼斯特，来自业余体育协会，毕业于牛津大学默顿学院，他创造了一个新的赛会纪录（有待核准），这在英格兰、大不列颠、欧洲、大英帝国和世界范围内都将成为一个新的纪录。他用时 3 分……

人群沸腾了，他们再也记不得后面说了什么。3 分 59.4 秒，罗杰·班尼斯特突破了人类历史上最大的障碍之一。这在很大程度上归功于他休息的勇气。

虽然班尼斯特逃到山里的举动有些极端，但休息促进身体成长的想法绝不极端。我们询问为世界顶级铁人三项运动员提供训练的杰出教练马特·迪克森（Matt Dixon），是什么让优秀运动员脱颖而出？他告诉我们，答案是休息。当然，像迪克森这样的高水平教练需要帮助运动员们有效地平衡三项运动（游泳、自行车、跑步）各自的训练内容，但他真正的秘诀在于如何说服运动员休息。

铁人三项运动员与其他任何高要求行业的专业人士没有什么不同，他们同样渴望有所突破。他们看到自己的竞争对手投入无尽的时间进行训练，总觉得自己做得还不够。与纯跑步不同，铁人三项包括游泳和自行车等非冲击性运动。在纯跑步项目中，运动员往往会因担心骨折而控制训练强度，但在铁人三项中，运动员看不到控制训练强度的理由，很多人也不会去控制。因此，铁人三项运动员可能比任何其他类型的运动员更容易受到过度训练综合征和运动倦怠的影响。但迪克森带的运动员却没有出现这样的情况。

迪克森有些不情愿地告诉我们，他被称为"康复教练"。这在很大程度上是因为太多受到过度训练综合征困扰的运动员表现不佳，处于运动倦怠的边缘，于是转而请求迪克森来拯救他们的职业生涯。迪克森表示，让运动员休息时最难的部分是让他们相信这样做比额外的训练更有益。他说，一旦他们做到了这一点，其他就很容易了："运动员们的体能开始提升，表现也比以往任何时候都好。"他们会说，这是他们职业生涯中第一次"给身体留出时间和空间来适应训练带来的压力"。

　　为了帮助运动员们完成这一至关重要的跳跃，迪克森会向他们灌输"休息是一种积极选择"的观念。① 迪克森为铁人三项运动员制订的训练计划中没有"轻松"或"休息"的日子，但是有很多"支持时段"。**通过将休息定义为支持成长和适应的阶段，迪克森的运动员不再认为休息"不属于训练"，等同于不行动。休息就像额外的训练一样富有成效。**这种心态的简单转变让迪克森做到了很少有教练能做到的事情：说服运动员休息。和班尼斯特一样，迪克森的运动员在大型比赛中不仅比他们的对手更健康，而且更有活力。他们之所以能赢得重要比赛，不是因为他们比竞争对手训练得更努力，而是因为他们比竞争对手休息得更好。

　　在一个崇尚艰苦奋斗、短期收益和走极端的社会，休息的行为需要勇气。就像迪克森对他指导的铁人三项运动员所做的那样，也许我们都应该为休息重新下定义。休息不是懒洋洋地闲逛，而是一个让身体和心理得到双重成长的积极过程。为了从压力中获得益处，你需要休息。

　　在下一章中，我们将讨论休息的最佳方式是怎样的。我们将介绍各种休息方式背后的科学原理 —— 从一天中的短暂休息到睡眠的重要性，再到长假 —— 并解释如何从战略上最大化每种休息方式的独特好处。我们希望你在看到这些休息方式有多么实用和强大的时候，会对积极选择休息的行为感到理直气壮。

---

①　迪克森利用的是行为科学家所说的"任务偏见"，即我们本能更倾向于采取行动而非不行动。

第 五 章

像最优秀的人一样休息

在第三章中，我们讨论了运动员式间歇训练的好处，这种模式的应用范围远不止田径运动。我们还参考了大量的研究。这些研究表明，无论手头的任务是什么，经过连续两个小时的努力工作，我们的产出都会开始下降。我们了解到，如果采用紧张的工作和短暂的休息的循环，便可以表现得更好。在第四章中，我们探讨了正念的实际应用，并讨论了从工作中抽身、让潜意识发挥创造力的价值。当然，有很多方法可以使我们暂时脱离工作，但并不是所有的方法都一样有效。例如，浏览社交媒体远不如散步效果好。

现在，让我们以优秀表现者的故事和最新的科学研究为支持，来谈谈不同类型的休息各有怎样的好处。首先，我们将讨论你能在日常进行的短暂休息，然后，我们会评估长时间休息的价值（及其带来的挑战）。你可以将以下内容看作"休息"的菜单，有计划地从中进行选择。

散　步

获奖作家斯蒂芬·普雷斯菲尔德（Steven Pressfield）在他的《艺术战争》（*The War of Art*）一书中描述了他散步时的情况："我随身携带一台录音机，因为我知道，当我的表层思维在散步中被清空时，我的另一个部分就会开始说话……第 342 页的单词'leer'应该是'ogle'；第 21 章的内容没什么新意；最后一句话和第 7 章中间那句很像。"正如你在前一章中看到的，普雷斯菲尔德并不孤单。许多最优秀的作家和思想家都坚持用散步的方式休息。

散步不仅对作家、艺术家和发明家这样的创造性人才有效。当布拉德在麦肯锡研究复杂的金融模型时，他每天都要散步，尤其是在遇到瓶颈的时候。几乎无一次例外，他在散步之中或刚结束散步时，脑子里就会蹦出他盯着屏幕时得不到的灵感。

放下你的工作去散步需要很大的勇气，尤其是在快到截止日期的时候。有时，你根本没有很多时间可以花在散步上。但好消息是，**即使是短途散步也能带来很大的好处。**

斯坦福大学的研究人员进行了一项名为"让想法动起来：散步对创造性思维的积极影响"的研究。他们把受试者分为三组，两组在户外和室内散步，另一组不散步。结束后，研究人员评估了他们的创造力。研究人员要求他们为普通物品想出尽可能多的非传统用途。例如，轮胎可以用作漂浮装置、篮球筐或秋千。（这种方式被称为"吉尔福德替代功能测试"，是一种常用的评估创造力的方法。）比起那些坐在办公桌前的人，那些在户外散步 6 分钟的人的创造力提高了 60%以上。尽管户外散步的益处最为显著，但那些在室内散步的人产生的创意仍比那些根本不去散步的人多 40% 左右。这表明，即使你不能走出去（例如受到现在是冬天、附近没有人行道等条件制约），在办公室周围跑几圈或在跑步机上跑一会儿仍然是非常有益的。

起初，研究人员怀疑，散步的好处主要源于流向大脑的血液量的增加。然而，这些好处似乎也与步行和注意力之间的相互作用有关。因为走路需要足够的协调神经支持，导致我们大脑中负责努力思考的部分被占据，所以散步会稍微分散我们的意识。因此，在走路时，我们潜意识中的活动更容易被激发，而潜意识是我们创造性的引擎。这就解释了为什么走路比其他需要更多注意力和协调能力的运动——如跳舞或举重——能更有效地培养创造力。散步占用了我们的精力，刚好可以帮助我们停止思考我们正在做的事情，但还不足以阻止我们的思维天马行空。**散步是进入潜意识的最佳途径，可以激发创造性和洞察力，帮助我们打破思维上的僵局。**

除了认知上的好处，散步休息对身体健康也有益。你可能听说过"久坐和吸烟一样有害健康"的说法。长时间不间断地坐着对健康有害，甚至会抵消运动带来的好处。幸运的是，最新的科学研究表明，每小时散步 2 分钟就可以预防久坐带来的诸多不良影响。一项研究表明，短距离散步可将过早死亡（也就是"全因死亡"，即一切原因导致的死亡）的风险降低 33%。在雅典文化处于鼎盛时期的古希腊，柏拉图和他同时代的人们并没有把体育与智力教育和发展分开。这些睿智的哲学家抓住了一个我们如今重新发现的问题：健全的精神和健康的身体是相辅相成的。

大自然的好处

2008 年，密歇根大学心理学家马克·伯曼（Marc Berman）试图探究，为什么那么多伟大的创造者——从达·芬奇到达尔文——都声称受到了大自然的启发。为了检验自然和创造力之间是否真的存在很强的联系，伯曼招募了一些本科生，把他们分成两组。两组人都接受了一系列相同而困难的认知任务。结束后，其中一组在一个僻静的公园休息，而另一组则在繁忙的城市中休息。在随后一系列具有挑战性的认知任务中，在自然环境中休息的学生的表现优于在城市环境中休息的学生的。

也许你在想：好吧，但是在中午找到一个僻静的公园休息可不容易。别担心，只看大自然的图片也可以。在第二个实验中，伯曼让学生们经历了同样的过程，只是这次，他们没有出去，而是被要求观看自然或城市的图片（只看 6 分钟）。结果是一样的：观看自然图片的学生的表现明显优于观看城市图片的学生的。

伯曼假设，大自然让我们本能地感觉良好，可以改善我们的情绪，从而让我们快速从努力工作的压力过渡到更安定的状态，并激发神游和潜意识带来的创造力。即使你能做的只是在电脑上切换窗口，你也可以试着浏览《国家地理》（*National Geographic*）或《户外》杂志网站上的自然照片，而不是你的社交网络。

接触大自然不仅有助于提高创造力，还可以降低白细胞介素-6（IL-6）的水平，这是一种与身体炎症有关的成分。低水平的白细胞介素-6 可以预防有害的慢性炎症，运动员往往会因为严重的慢性炎症退出比赛。发表在《情感》（*Emotion*）杂志上的一项研究表明，与其他任何积极情绪相比，敬畏这种通常由大自然激发的情绪与较低的白细胞介素-6 水平呈相关性。我们询问了这项研究的领头人詹妮弗·斯特拉（Jennifer Stellar）这种现象是如何发生的。像置身于大自然中或仅仅是看自然图片这样简单的事为何能改变我们的身体呢？斯特拉告诉我们，"体验敬畏之情让我们感到自己与宇宙的联系更紧密，从而感觉更谦卑"。她表示，这些感觉"可能有助于结束我们的压力反应，进而减轻炎症"。

下一次，当你完成了艰苦的训练或者结束了办公室中繁重的工作时，在冲个冷水澡、服用消炎药或采取最新的放松方式之前，你可以考虑到公园里坐坐。在被拍成同名电影的畅销书《走出荒野》（*Wild*）中，谢里尔·斯特雷德（Cheryl Strayed）写道，她的母亲曾说，当你情绪低落时，"就让自己走上美丽之路吧"。

正念冥想

之前我们讨论过正念冥想——即静坐和只关注呼吸的练习——如何帮我们加速从压力过渡到休息。正念冥想可以加厚前额皮质，这是帮助你选择应对压力的方式的脑区。因此，我们建议每天通过冥想练习来训练你的"正念肌肉"。此外，在身体或精神高负荷工作后的短暂休息期间，即兴进行就地冥想也很有好处。

无论你的紧张感是来自在截止日期前的最后一秒提交一份备忘录还是在举重房里完成一组繁重的训练，正念冥想都能帮助你改善表现。"上紧发条"的感觉是一种心理状态的生理表现，是对威胁的心理准备，这种感觉会让你进入压力模式。如果你在休息（远离键盘或杠铃）后仍然感到有压力，休息就是无效的。你很容易分辨你的休息是否没能逃脱压力的控制。你可以通过肩膀（是否耸起）、前臂（是否弯曲）还有下巴（是否紧咬）来判断。你如果感受到这些压力，可以考虑做一次简短的正念冥想。以舒适的姿势坐下，闭上眼睛，深呼吸 10 次，用鼻子吸气和呼气。只关注你呼吸时的感受。身体上的疼痛、紧张和消极的想法可能会出现。如果它们出现了，不要忽视它们。客观地承认它们，让它们过去，然后重新专注于你的呼吸。

在做了 10 次呼吸训练之后，你可以在休息期间继续专注于你的呼吸。或者，你可以考虑进入"开放监控"冥想阶段，这种冥想有时也被称为"身体扫描"。在开放监控阶段，虽然你在继续有节奏地呼吸，但你的注意力会从呼吸转移到身体的各个部位上。你的注意力从足部开始，一点点向上爬。你要专注于脚趾在鞋里的感觉、皮肤在椅子上（或在你的衣服下）的感觉，以及肌肉放松和心跳的感觉。研究表明，仅仅 7～10 分钟的开放监控冥想训练就可以帮助你恢复体力，并激发你的创造力。①

社交恢复法

本书的作者之一史蒂夫尝试过许多方法来帮助他指导的运动员在高强度训练后加速恢复，但迄今最有效的方式是社交互动。没错，史蒂夫的秘密不是按摩、压缩或冷冻疗法，而是创造有趣和悠闲的环境，让他指导的运动员可以在其中展开充分交流。在比赛或特别艰难的训练后，史蒂夫总要求他的运动员参加团队的早餐、午餐或电影/游戏之夜。这种做法是以迷人的新科学成果为依据的。

睾丸激素与皮质醇的比值是一个很好的系统恢复指标（这个比值越高越好）。英国班戈大学（Bangor University）的一项研究发现，与朋友一起进行赛后分析的运动员的这一指标高于与陌生人在中性环境中进行赛后分析的运动员的。更重要的是，在一周后的比赛中，曾处于社交环境中的群体确实表现得更好。这项研究的主导者，在班戈大学研究生理学和精英表现的克里斯蒂安·库克（Christian Cook）告诉我们，"一个友好的运动后环境——特别是能够与其他运动员交谈、开玩笑和做总结的环境——似乎有助于运动后的恢复和未来的表现"。

当我们和凯利·麦格尼格尔（你在第三章中见过的斯坦福大学教授和压力专家）分享这个观点时，她并不感到惊讶。麦格尼格尔告诉我们：**"与他人有联系这种感觉的基本生物学机制，对压力的生理机制有着深远的影响。"**社会联系的积极作用包括提高心率变异性、使神经系统进入恢复模式、释放具有抗炎症和抗氧化特性的催产素和后叶

---

① 值得重申的是，开放监控冥想不同于正念冥想，后者只关注呼吸。虽然开放监控冥想适合在短暂休息时进行，但它不应取代正念冥想。正念冥想是一种强大的日常练习，它能让你自主选择如何应对每天的压力，这就是为什么我们建议把正念冥想融入你的日常生活，而不只是在休息时间进行。

加压素等激素。"更疯狂的是,"麦格尼格尔说,"催产素有助于心脏修复。与他人有联系的感觉可以治愈一颗破碎的心 —— 这可不只是一句抒情而已。"

社交恢复法虽然可以在一天中的任何时候进行,但只有在环境轻松时才有效。只为讨论工作和同事去喝一杯咖啡并没有多大好处。这就是为什么我们建议你在每天工作结束后使用这个策略。但这并不意味着这种方法很容易实现。当我们感到压力时,我们的自然倾向往往是退缩,把自己与外部世界隔离开来。在最糟糕的情况下,压力会持续增加,我们会陷入胡思乱想的恶性循环:问问一位刚完成高强度训练但感觉不太好的运动员,或在画室里一无所成的艺术家,或是在办公室里度过艰难一天的企业家,你就明白了。尽管我们可能并不总想社交,但和朋友们在一起放松一下的好处是巨大的,尤其是在完成了高难度任务之后。

表现实践

☐ 在一天中的任何时候都要有勇气休息一下,尤其是在你身陷困境或感到无法承受的压力时。工作越紧张,休息的频率就应该越高。

☐ 6分钟以上的散步可以激发创造力,减轻久坐带来的不良影响。如果条件允许,可以到户外走走,但即使是在办公室里转几圈也有很大的好处。

☐ 让自己走上"美丽之路"。置身于大自然中,甚至只是看看自然图片,都有助于从压力过渡到休息,并激发创造性思维。

☐ 冥想。从几次有意识的呼吸开始,只专注于呼吸本身。然后,考虑转向开放监控冥想,扫描你的身体,把你的意识转移到对全身的感觉上。

□ 和朋友出去玩！在努力工作 —— 无论是体力还是脑力 —— 过后，在一个悠闲的环境中和朋友们放松一下，会从根本上帮助你完成从压力到休息的生理状态的转变。

没错，我们刚刚为你提供了和朋友一起出去喝酒的科学依据。（特别说明：我们并没有使用"欢乐时光"这种说法。"欢乐时光"指的往往是同事们结束工作后开的诉苦大会，因此，这些时光通常并不是很欢乐。还是和你的朋友出去吧。）

睡 觉

如果你经常感到疲劳，并知道自己睡眠不足，那么你并不孤单。你有很多很多同伴。确切地说，大约有 1.95 亿美国人。没错，多达 65% 的美国人每晚的睡眠时间低于医学建议的 7~9 小时。40% 的人睡眠不足 6 小时。但情况并非一直如此。1942 年，美国人平均每晚睡 7.9 小时。今天，这个数字降到了 6.8。

我们的集体睡眠缺失很大程度上与让我们时刻保持联系、随时可以开始工作的技术有关。我们被迫上网，被迫做越来越多的工作。我们告诉自己"白天的时间就是不够用"，于是开始在晚上工作。在商界尤其如此，我们经常听到对"只需要 4 小时睡眠"的首席执行官们的推崇。（当你问这些高管他们的生活有多幸福，或者看看他们能在这种状态下任职多久时，情况就不一样了。）事实上，在睡前工作是一个糟糕的主意。这是因为即使我们在一个不算晚的时间完成了工作，我们盯着屏幕的时长也会让我们在那之后几个小时都无法入睡。

大多数有屏幕的数字设备，无论是电脑、智能手机、iPad 还是电视——换句话说，我们在晚上观看的几乎所有东西——都会发出蓝光。在所有干扰睡眠的人造光源中，蓝色是迄今为止最糟糕的一种。虽然我们可以在开着灯的房间里休息，但面对屏幕时恢复起来要困难得多。蓝光会彻底打乱我们身体的昼夜节律（自然生物钟）。蓝光可以根据我们暴露在其下的时间，将我们体内的生物钟拨出多达 6 个时区的差距。这就是为什么当你在半夜突然冒出一个创造性想法时，最好把它写在纸质笔记本上，而不是跑到你的电脑前开始工作。这也应该成为一种警告：不要养成晚上查看智能手机的习惯。

在最近的一项研究中，哈佛大学的研究人员让两组受试者分别在睡前 4 小时阅读传统纸质书籍和蓝光屏幕的电子书。以这种方式连续阅读 5 天之后，两组之间的差异非常明显。那些阅读电子书的人报告说，到了睡觉的时间，他们的困倦感要少得多。这种感觉根植于他们的生物化学反应中。与那些阅读传统纸质书籍的人不同，电子书的读者体内褪黑激素的释放延迟了 90 分钟，而褪黑激素正是会让我们感到困倦的化学物质。虽然他们没有穿越时区，但他们身体内部的时钟以为他们穿越了。他们的昼夜节律发生了戏剧性的变化，这使得他们更难入睡，也让他们在醒来时感到休息不足（而且头脑更加昏沉）。最令人担忧的是，这些影响只是睡前 4 小时使用蓝光设备连续 5 天造成的，还都来自仅仅以获得乐趣为目的的阅读体验。你可以想象，如果任务是发送电子邮件或处理快到截止日期的文件，结果会糟糕得多。蓝光本身就已经是有害的了，再把蓝光和疲于奔命的大脑结合起来，你就更容易理解为什么我们睡得比以前少了。

在本节的最后，我们将建议你在睡前限制蓝光设备的使用，并为你提供一些其他的小窍门来获得更好的夜间睡眠，但首先，我们必须改变一个被广泛接受的观念。**我们以为睡觉会浪费我们很多时间，但事实上，不睡觉才会浪费我们更多时间。睡眠是我们能做的最有成效的事情之一**。我们并不是在健身房或专心工作的时候成长的，而是在睡眠中成长的。

睡眠和我们不断成长的思维

我们可以在醒着时投入世界上所有的工作中去，但如果我们不睡觉，很多工作就失去了价值。真的是这样。这是因为睡眠最重要的好处之一，就是它在我们巩固和储存新信息方面所起的作用。睡眠在学习过程中的关键作用是最近的研究发现。哈佛大学杰出的睡眠研究员、医学博士罗伯特·斯蒂克戈尔德（Robert Stickgold）在接受《纽约客》（New Yorker）杂志采访时表示，直到最近，人们还认为"睡眠的唯一功能是消除困倦"。自世纪之交以来，这种情况已经发生了相当大的变化，这在很大程度上要归功于斯蒂克戈尔德的研究。

2000 年，斯蒂克戈尔德发表了一项设计巧妙的实验的结果，这项实验将永远改变我们对睡眠的看法。斯蒂克戈尔德邀请了三组人玩电脑游戏《俄罗斯方块》，每天玩 7 个小时，连续玩 3 天。其中一组受试者只是玩过这个游戏，另一组是熟练玩家，第三组不记得他们之前是否玩过 —— 他们患有严重的健忘症。

在实验进行的 3 个晚上，受试者被反复叫醒，并被要求回忆他们梦见了什么。大多数时候，答案是俄罗斯方块。连健忘症患者也报告说梦见了俄罗斯方块。尽管第二天健忘症患者就不记得实验的内容了，但他们确实记得自己梦见过下落的形状和图案。斯蒂克戈尔德以此证明，在睡眠过程中，我们其实是在一个非常深的层次上处理在清醒时收集的经验和信息。在我们睡觉的时候，特别是当我们做梦的时候，大脑会回忆我们一天中接触过的无数事物：我们在停车场看到的汽车、我们看过的电视剧的故事情节、我们产生的想法、我们遇到的新朋友等，然后决定什么是值得存储在记忆中的。大脑还找出了这些事物在我们的知识网络中的存储位置。

自斯蒂克戈尔德的基础性研究以来，其他许多研究也表明，我们会在睡眠中评估、巩固和存储信息。我们现在知道，睡眠不仅对处理知识很重要，而且对我们编码情感体验的方式也很重要。在与艺术家的所有对话中，我们发现睡眠都与高创造力和激情有关。这一点儿也不奇怪。研究表明，睡眠增强了我们处理和回忆情感事件的生动程度。事实上，考虑到我们睡眠中发生的所有情绪活动，科学家们开始怀疑，失眠是否不仅是许多情绪障碍的结果，也是其原因之一。就像睡眠能帮助我们理解信息一样，它也能帮助我们理解我们的情绪。

睡眠也会影响我们的自控力。克莱姆森大学（Clemson University）的研究人员在对大量研究的回顾中发现，长期睡眠不足者自控力较差，存在"容易冲动、注意力不集中、决策能力较差"的倾向。睡眠不足者（每晚睡眠时间不足 7 ~ 9 小时）在任何需要努力和注意力的任务 —— 无论是解决复杂问题、学习一项新技能还是坚持节食 —— 中的表现都更差。看起来，似乎睡眠不仅能帮助你从今天完成的任务中得到最大的收获，还能给你能量去迎接明天你渴望的挑战。用推崇休息价值的铁人三项教练马特·迪克森的话来说，睡眠是最重要的"支持性训练"。

睡眠几乎所有的好处都出现在睡眠后期，主要发生在快速眼动睡眠（REM）期间。快速眼动睡眠期只占整个睡眠时间的 20% ~ 25%，有趣的是，我们睡得越久，快速眼动睡眠期所占的比例就越大，这是因为快速眼动睡眠的时间是随着睡眠周期时间的增加而增加的。换句话说，睡眠的边际效益在增加。7 ~ 9 个小时 —— 我们大多数人从未达到的时间 —— 实际上是最有效的。

然而，事实再次证明，"休息"绝不是被动的。正如我们最喜欢的科普作家之一玛丽亚·康妮科娃（Maria Konnikova）在她刊登在《纽约客》上的精彩的睡眠系列文章中所说的那样，"当我们睡觉时，我们的大脑会回放、处理、学习并提取信息。在某种意义上，大脑在睡梦中也在思考"。

让我们暂停一下，在等式"压力 + 休息 = 成长"的背景下思考一下这个问题。醒着的时候，我们把自己置于各种各样的心理刺激（压力）之下，而在睡觉（休息）的时候，我们会去消化这些信息。结果，当我们第二天早上醒来的时候，我们真的变得更好了。**我们在睡眠中成长。不管是在认知、情感还是身体健康方面，我们都获得了成长。**

睡眠和我们不断成长的身体

在过去的几年里，布拉德有幸采访了 40 多位世界级运动员，为《户外》杂志撰写了一系列关于优秀运动员的习惯的文章。他的这些采访对象包括一些世界上最好的跑步、滑雪、自行车、冲浪、皮划艇和攀岩运动员。令布拉德惊讶的是，他发现他们的日常习惯差异巨大。有些人近乎虔诚地做瑜伽，有些人以前却从未做过伸展运动。一些人是无麸质饮食和素食的推崇者，另一些人把红肉作为饮食的核心。有些人喜欢冰水澡，有些人喜欢热水澡。然而，在如何对待睡眠这个问题上，他们的心态是完全一致的。**世界上最好的运动员重视睡眠的程度，和重视最难的训练以及最重要的比赛的程度一样。**三届的铁人三项世界冠军、赛会纪录保持者米琳达·卡夫瑞（Mirinda Carfrae）告诉布拉德："睡眠可能是对我来说最重要的事情。"她是认真的，而且有充分的理由这样认为。根据最新的表现科学，采用卡夫瑞的心态对待睡眠对我们大多数人都有好处。

正如你在第二章中了解到的，当我们给身体施加压力时，它会进入一种名为"分解代谢"的状态。我们的肌肉，甚至我们的骨骼，都会在一个微小的尺度上分解。荷尔蒙皮质醇被释放出来，告诉我们的身体"救命！我们承受不了这种压力"。我们会感到疲倦和酸痛，这是身体自然的反应，告诉我们该休息了。如果我们忽视休息，继续工作，分解就会继续，最终，我们的健康和表现都会受到影响。但如果我们接收到了身体的反应并让它休息，它就会从分解代谢状态转变为合成代谢状态，在这个过程中，身体会得到修复和重建，从而变得更强壮。也就是说，艰苦的体能训练的压力会使我们崩溃，只有当我们在压力阶段后进行充分的休息，适应和成长才会发生。作为身体成长的催化剂，睡眠的这种作用格外明显。就像大脑在白天会积极处理我们所做的工作一样，当我们睡觉时，身体也在进行同样的过程。

一旦我们入睡超过一个小时，合成代谢激素就会开始充斥我们的系统。睾酮和人体生长激素（HGH）是对肌肉和骨骼生长而言不可或缺的两种激素，它们在第一个快速眼动睡眠期后被释放，并一直保持在较高水平，直到我们醒来。这些激素增加了蛋白质的合成，即专门用来促进身体修复的蛋白质的产生。①这意味着如果运动员睡眠不足，那么他们每天摄入的大量蛋白质就会被白白浪费。

与睡眠对大脑的好处类似，睡眠对身体的好处也会随着睡眠时间的延长而增加。这是因为每增加一个睡眠周期，我们就会多获得一些强大的合成代谢激素。换言之，无数运动员冒着失去健康、名誉和事业的风险注射合成类固醇——又称兴奋剂——非法获取的某些激素，你只需多睡几个小时就可以获得更多。当然，你睡觉时释放的睾丸激素和生长激素不是合成的，而是由其他自然产生的激素平衡。天然激素与注射的类固醇不同，对你的健康很有好处。**如果你一直在寻找"不老灵药"或服用各种疯狂的补品，你现在可以停下来了。你只要躲到被子里闭上眼睛就可以了。**

睡眠的好处这么多，难怪世界上最好的运动员都会把睡眠放在

---

① 研究表明，睡前摄入 20～30 克蛋白质可以在夜间提升合成的蛋白质的水平。许多优秀的运动员已经注意到了这一点，并会在睡觉前喝以乳清或酪蛋白为主的蛋白质饮料。

重要的位置上。这并不意味着，因为他们是精英，所以他们才重视睡眠。正确的逻辑顺序是，他们能成为精英，是因为他们重视睡眠。

不幸的是，太多努力的人并没有以这些顶尖运动员为榜样。相反，他们陷入了一个陷阱，认为多做一些训练才更好，并因此牺牲了睡眠。这种想法在那些时间很紧张的人群中格外普遍，比如业余运动员（忙于工作）和学生运动员（忙于学习）。不要误解我们的意思：你绝对需要刻苦训练才能提升能力。如果没有压力的刺激，你就算想休息就休息，也不会获得成长。但是以牺牲睡眠为代价偷偷增加一小时训练就不是个好主意了。

斯坦福大学的研究者们了解，睡眠对忙碌的运动员而言有多重要的价值。在 2011 年的一项研究中，大学篮球队的队员被告知要在 2~4 周的时间内保持正常的睡眠规律，其间，研究人员会收集他们的基准表现数据。每次训练结束后，研究人员都要记录一些具体的、专属篮球运动的表现指标，如冲刺速度、投篮命中率和反应时间等。在最初的基准期过后，受试者被告知，他们在接下来的 6~7 周内要尽可能多睡觉。研究人员要求运动员争取至少 10 个小时的睡眠时间，并承诺他们会看到成绩提高。篮球明星们很听话：他们平均每晚多睡了 1 小时 50 分钟。在延长睡眠时间之后，这些受试者再次接受了所有表现指标的测试。结果令人震惊。他们的冲刺速度提高了 4%，罚球和三分球命中率都提高了 9%，反应速度也明显加快。记住，他们不是初中生，也不是高中生。他们都是一流强队的运动员。这种幅度的表现提升简直是非同寻常的。额外的睡眠也能被转化为球场上的胜利。2011 年（研究进行的那一年），斯坦福队赢得了 26 场比赛的胜利（这个数字在 2010 年是 15），并赢得了全美邀请赛（NIT）冠军。随后，他们在 2012 年以美国大学体育总会 16 强（NCAA Sweet 16）的身份亮相，并在 2014 年再次获得全美邀请赛冠军。

为了证明这不是偶然，同一组研究人员对大学游泳队进行了同样的实验。结果是一样的。在增加了睡眠时间后，游泳运动员的成绩突飞猛进。他们的速度更快，出发时反应更快，转弯时间更短，蹬水量也更大。研究报告的第一作者谢里·马（Cheri Mah）表示："毋庸置疑，斯坦福大学的许多教练对睡眠重要性的认识提高了。教练们甚至开始调整他们的训练和出差计划，以建立科学的睡眠习惯。这项研究给了许多运动员和教练机会，让他们第一次真正了解睡眠会对他们的表现和成绩产生多大的影响。"如果一个拥有全世界最好的运动员和研究人员的机构建议我们通过多睡觉的方式来提高我们的身体表现，那么也许我们应该认真听听。

午　睡

无论那些"生活达人"会告诉你什么，午睡并不能弥补夜间睡眠的缺乏。无论是生理上的还是心理上的成长，都不是能通过午睡获得的。即便如此，但午睡确实有助于在午间休息时恢复精力和注意力，所以在漫长而紧张的日子里，这是一个值得考虑的策略。

越来越多的研究表明，午睡可以提高工作表现、警觉性、集中力和判断力。考虑到这些特性对绕地球运行的空间站上的工作人员来说是至关重要的，美国宇航局对午睡的好处产生兴趣也就不足为奇了。当美国宇航局的科学家对宇航员进行研究时，他们发现 25 分钟的午睡能让判断力提高 35%，让警觉性提高 16%。因此，美国宇航局鼓励人们在下午小睡也就不足为奇了。在另一项更接近我们现实生活情况的研究中，研究人员将午睡与咖啡进行了比较，他们发现那些小睡15 ～ 20 分钟的人醒来后更加机敏，在当天接下来的工作中的表现也比那些没有午睡而是摄取了 150 毫克咖啡因（相当于星巴克超大杯咖啡含量）的人更好。

我们小睡一会儿的时候，大脑中在清醒时一直处于工作状态的部分就得到了休息的机会。就像疲劳的肌肉会在短暂的喘息中恢复活力一样，我们的大脑也是如此。在一项关于午睡功效的评论中，睡眠科学家发现，10 分钟的午睡效果最好，不过大多数专家认为，30 分钟以下的午睡都是有效的。即使你没有真正体验到入睡的感觉，只要闭上眼睛，你就能让活跃的大脑"关机"，给它恢复过来的机会。然而，午睡超过 30 分钟可能会适得其反。这是因为午睡时间越长，我们醒来时就越有可能感觉比入睡前更虚弱和困顿。这种情况被称为"睡眠惯性"，发生在我们从深度睡眠周期中醒来的时候。昏昏沉沉是身体和大脑促使我们继续睡觉的一种自然的方式，它们正是通过这种方式让我们满足其需求的（"惯性"一词便带有这样的寓意）。深度睡眠一般要到 30 分钟后才会开始，这就是为什么专家建议将 30 分钟定为午睡时间的上限。[①]

你下次在午后三四点对抗疲倦努力工作的时候，试着打个盹吧。谷歌和苹果这样有远见的公司都配备有专门的休息室。历史上一些最伟大的思想家，包括阿尔伯特·爱因斯坦（Albert Einstein）和温斯顿·丘吉尔（Winston Churchill），都是午睡的大力支持者。

表现实践

☐ 睡眠可以提高产出。

☐ 每晚至少睡 7～9 小时。而对那些做剧烈运动的人来说，睡 10 个小时也并不多。

☐ 想知道自己的睡眠时间，最好的办法就是花上 10～14 天

[①] 在某些情况下，午睡 90 分钟到 2 小时可能是有效果的。对大脑和身体来说，长时间的午睡模拟了夜间睡眠的过程。不幸的是，午睡时间过长也会影响夜间睡眠，这一点更为重要。因此，大多数专家只建议白天确实需要额外深度睡眠的人群延长午睡时间，因为这样做也不会干扰其夜间睡眠。完成一天两项艰苦训练的专业运动员就是可以从长时间午睡中获益的很好的例子。美国著名长跑运动员梅布·凯夫莱齐吉（Meb Keflezighi）表示，他经常午睡 15～90 分钟。

时间做试验：困了就睡觉，醒了就起床，不用闹钟。通过这种方法得到的平均时间就是你需要的睡眠时间。

□　要想睡个好觉，请遵循以下来自世界顶尖研究人员的建议：

√　确保自己白天置身于自然（非电子照明）的环境中。这将帮助你保持健康的昼夜节律。

√　进行锻炼。剧烈的体育活动会使我们感到疲倦。当我们感觉累了，我们就会想睡觉。但不要在临睡前做运动。

√　限制咖啡因的摄入量。在睡前5～6小时完全停止摄入咖啡因。

√　你的床只是用来睡觉和做爱的。吃东西、看电视、用笔记本电脑工作或其他任何事情都不要在床上进行。唯一的例外是可以睡前在床上读纸质书。

√　睡前不要喝酒。虽然酒精可以加速入睡过程，但它往往会扰乱睡眠后期更重要的阶段。

√　晚上避免受到蓝光照射。

√　不要在晚饭后开始从事艰苦、高压的活动，无论是精神上的还是身体上的。

√　如果你的大脑处于高速运转状态，试着在睡前做一次简短的正念冥想。

√　当你觉得很困时，不要抵抗睡意。不管你要做什么，都可以等到明天早上再做。

√　尽可能让你的房间保持黑暗。如果可以，选用遮光性好的窗帘。

√　把你的智能手机放在卧室外面。不是静音，而是放在外面。

□　午睡10～30分钟可以帮助你恢复精力和注意力，抵抗下午的困倦感。

休　假

今年年底，美国有史以来最优秀的跑步运动员之一伯纳德·拉加特（Bernard Lagat）计划休假。未来的 5 周内，他会把运动鞋收起来，几乎不做任何运动。对这位 43 岁的运动员来说，这不是什么新鲜事，也不是因为他上了年纪。拉加特之所以能保持在国际田径舞台上的领先地位，部分原因在于他从 1999 年以来每年都会像这样休一次假。"休假，"拉加特说，"是一件好事。"

拉加特将他多年来保持身体和心理健康的成果归功于每年的休假。长时间的休息让他的身体从一周 80 英里的跑步中恢复过来。虽然拉加特的年假时间可能是最长的，但几乎所有处于巅峰的同龄运动员都享有类似的休息时段，从 10 天到 5 周不等。奥运会 1500 米银牌得主莱奥·曼扎诺（Leo Manzano）最近对《华尔街日报》（*Wall Street Journal*）表示，他也需要至少一个月的时间才能从赛季后的疲惫中恢复过来。他的理由很简单："我感觉我从去年 11 月起就没休息过。"

花些时间问问自己：你是否曾经觉得自己和曼扎诺很像？如果是的话，你请过 1 个月的假吗？你周末休息了吗？正如我们在本书前言中讨论的，对绝大多数美国人来说，这两个问题的答案都是否定的。我们总是在周末工作，很少能用完我们所有的带薪假期，更不用说休长假了。相反，我们总是有这样的想法：我们如果不一直努力工作，就会被竞争对手超越。我们的错误思维是多年来的错误假设的结果。我们（布拉德和史蒂夫）都记得成长过程中经常听到的一些励志名言，比如："当你不努力的时候，总有些人在别处努力，如果以后你遇到他们，他们会赢过你。"不幸的是，努力工作的代价就是我们已经失去了"用更少时间做更多工作"的概念，不知何故，努力工作几乎总是错误地代表着"做更多的工作"。

但事情是这样的：**如果我们从来没有经历过"轻松"阶段，我们就永远无法全速前进，而到"努力"阶段后也就无法付出足够努力。**我们陷入了一个灰色地带，从没给过自己真正的压力，但也从没真正休息过。我们通常会用一个不带多少贬义的词来描述这种恶性循环——"走过场"——但它仍然是一个巨大的问题，因为走过场是无法让你得到成长的。为了能毫无保留地努力并在很长一段时间内不因此陷入倦怠，我们必须像伯纳德·拉加特一样，时不时地进入非常放松的状态。除了年假，拉加特还会在每周的刻苦训练结束后放一天假。在休息日，拉加特甚至都不会想起跑步这件事。相反，他只会从事放松和恢复身心的活动，如按摩、轻度拉伸、看他最喜欢的电视节目、喝葡萄酒和陪孩子们一起玩。

我们并不是在建议你随心所欲地休短假和长假。相反，本着与拉加特相同的想法，我们建议你有策略地延长休息时间，以应对更长时间的压力。从本质上讲，现代人从周一到周五的工作日就是建立在这个前提之上的。"周末"的概念是在 20 世纪初为适应基督教和犹太教的安息日（休息日的宗教版本）而设计的，然而今天，我们中很少有人遵守在安息日休息的安排——无论是从宗教还是象征意义角度。我们要么继续做我们这周一直在做的事，要么在生活的其他方面增加额外的压力。我们很少有人真的利用周末来休息。

忽视周末休息的代价很高：我们在工作日的工作质量会受到影响，因此我们在周六和周日也会感到很大的压力，为赶上进度，只能继续工作。我们陷入了一个恶性循环：没有足够的压力来要求休息，没有足够的休息来支持真正的压力。如果你现在被困在这个循环中，试着在这个周末结束它。至少给自己放一天假，完全脱离工作和其他类似压力源的影响。这样做的好处是科学的，而且很明确。研究表明，在休息一天后，我们的活力会增强，表现会更好。周末休息的时间越长，在一周中能付出的努力就越多。如果你觉得请一天假超出了你的控制，把这本书拿给你的老板看，用它来展开一场真诚的讨论，讨论你需要如何休息才能达到最佳状态。不合理的公司制度是最让我们感到沮丧的，它要求太多，结果永远都得不到满足。

在写作这本书的过程中，我们监督彼此每周至少休息一天。休息日我们一个字也不写，也不做研究。毫无疑问，我们的"最高效写作日"会在休息日之后的第二天或第三天出现。（布拉德的休息日一般是星期一。他在周二和周三写得最好。）值得注意的是，表现最好的情况通常出现在休息日之后的第三天。有时候，你的身体和大脑都需要一天时间才能重新适应新事物。这就是为什么在周日的大型比赛之前，许多运动员会在周五休息，并在周六做一些轻度锻炼来"唤醒身体"。这也是为什么一些最精明的专业人士把大型会议安排在周二，而不是周一。有些人能很快从休息中恢复过来，但有些人则需要更多的时间。你可以很轻松地辨别自己属于哪一类。一旦你知道自己所属的类别，**合理规划的休息日就能带来巨大的收益。休息日可以让你从最近积累的压力中恢复，让你重新获得活力，这样你就可以在不久的将来更加努力。**

虽然休息日是周与周之间的桥梁，但有时身体和精神需要更长的休息时间。就像应该把休息日有策略地安排在累积一定压力之后一样，我们也应该通过对长期压力的判断如此安排长假。拉加特不会在赛季中期休息5周。他会一直等到当年的最后一场比赛之后，当他的身体和精神都明显疲惫不堪的时候。音乐家们则可能会把休假安排在50天的巡演或努力完成一张唱片之后。艺术家则可能在画廊开幕或者完成一件或一系列特别具有挑战性的作品后休息一下。知识分子和商业人士可能在发表一篇期刊文章、出版一本书或者完成一项重大投资交易之后选择适当的时间休息。

我们不可否认各种情境因素 —— 从家庭责任到经济压力再到职场政策 —— 都可能让人们很难有意识地安排长期休假，这是不负责任的。但在你能做到的范围内，我们鼓励你**在安排休息时要考虑周全**。研究表明，持续 7～10 天的休息对动力、幸福感和健康有积极的影响，这种影响可以持续一个月。其他研究表明，一周的假期可以减少甚至完全消除疲劳。但问题是，如果最初导致倦怠的情况没有得到解决，几周后倦怠现象不免会重演。

这个问题很重要。它意味着与人们的普遍看法相反，延长休息时间并不是万能的，它不会让工作量大到无法承受的人们奇迹般地恢复精力。与其把休假看作把某人从崩溃边缘拯救出来的最后一招，不如把延长休息时间看作更广泛的休息策略的一部分，这种策略包括规划短休、良好的睡眠和休息日。换句话说，当涉及全面的休息策略时，休假并不是蛋糕本身——它们只是上面的奶油，是一个在积累压力后更充分地重建的机会罢了，这样我们就能比以前更高效、精力更充沛地回到工作中。在结束一个赛季后，拉加特感到很累，但他没有崩溃。疲劳是成长的刺激因素，可一旦崩溃就无法挽回了。

表现实践

☐ 无论你做什么工作，每周至少要休息一天。

☐ 合理安排休息时间，应对不断积累的压力。

☐ 压力越大，需要的休息越多。

☐ 在你能做到的范围内，有策略地安排假期，以应对持续时间更长的压力。

☐ 无论是在休息日还是在长假中，都要真正脱离工作。在身体和精神层面都要放松，参加一些你觉得有助于放松和恢复的活动。

休息的勇气

休息的好处是显而易见的，且得到了大量科学证据的支持。尽管如此，我们中很少有人能获得足够的休息。这并不是说人们想把自己累垮，只是我们生活在一种崇尚勤奋和不间断工作的文化中，即使科学认为这样做毫无意义。我们赞美那些训练结束后仍然留在举重室额外做些练习的运动员，我们崇拜那些睡在办公室里的企业家。否定这种倾向并不意味着努力工作对成长不重要。正如你在第三章看到的，努力工作很重要。但现在，我们希望你也能意识到，**只有在休息的支持下，努力工作才会变得高效与可持续**。具有讽刺意味的是，努力休息往往比努力工作更需要勇气。问问斯蒂芬·金这样的作家（他说过，"对我来说，不工作才是真正的工作"），或者迪娜·卡斯托尔这样的跑者（她说过，"训练是最简单的部分"）。当我们远离工作时，内疚感和焦虑感会悄悄袭上心头，尤其是当我们意识到竞争对手还在继续工作时。也许没有什么地方比波士顿咨询集团（Boston Consulting Group）更能体现这一点了。

波士顿咨询集团多次被评为世界顶级管理咨询公司之一。该公司顾问的工作内容包括帮助价值数十亿美元公司的首席执行官解决他们最棘手的问题。波士顿咨询公司的顾问越快找到答案，这些公司就越有可能获得下一个价值数百万美元的项目。换句话说，波士顿咨询公司的顾问在高风险、高压力的环境中工作。

因此，当研究人员提议进行一系列实验，测试必要的休息对波士顿咨询公司顾问的影响时，他们的反应不仅有震惊，还有不屑。《哈佛商业评论》（*Harvard Business Review*）报道称："这个概念太过陌生，以至于（波士顿咨询公司的领导者）实际上不得不强迫一些咨询师休假，尤其是在工作强度达到峰值的时候。"一些顾问甚至质疑，被分配到这项实验中是否会危害他们的整个职业生涯。这种质疑也是合理的。

　　在一项实验中，顾问们被要求在一周的中间休息一天。对那些通常一周工作 7 天、每天工作 12 小时以上的顾问来说，这简直荒谬至极。即使是带头进行这项研究的合伙人（她本人已经逐渐相信，定期休息能提高工作表现）也"突然变得紧张起来，因为她不得不告诉客户，团队中的每个成员每周都会休一天假"。她向客户（和自己）保证，如果工作受到影响，她会立即取消实验。

　　在一项补充实验（不像之前的实验那么激进）中，另一组顾问被要求在工作日休息一晚。这意味着要在下午 6 点之后完全脱离工作。不管项目中发生了什么，他们都不能碰电子邮件、电话、短信、幻灯片或任何与工作有关的东西。这个想法也遭到了坚决的反对。一位项目经理问："晚上休息有什么好处？只会让我周末加班吧？"

　　如果休息没能达到预想效果，那是因为这群成就卓著的工作狂从实验开始就毫不避讳地表达他们对休息的消极偏见。但在数月间，随着实验的展开，一些意想不到的事情发生了。两组受试者被彻底地改变了。在实验结束时，参与的所有顾问都希望获得可预测的休假时间。这不仅是因为休息让他们在自我照顾、与家人和朋友的关系方面得到了好处，还因为他们的工作效率也提升了。

　　这些顾问之间的沟通变得更加有效，交付给客户的成果质量也得到了提高。受试者报告说，除了这些短期利益之外，他们感到工作的长期可持续性也得到了提高。用负责这项实验的研究人员的话说，"在仅仅 5 个月之后，参与实验的顾问——休了假的那些——认为自己在各个维度上的工作状态都比没有参与实验的同事们好"。

　　波士顿咨询公司的顾问们发现，表现不仅与工作时间的累积有关，还与工作质量有关。即使工作时间减少 20%，顾问们也能完成更多的工作，而且感觉更好。如果波士顿咨询公司的顾问——以及世界上最优秀的运动员、思想家和创新者——能找到休息的勇气，你也能。这并不容易，感觉像是一次飞跃。但我们保证，一旦你开始使用这本书中提到的策略，将休息融入你的每一天、每一周、每一年的生活，你就会表现得更好，也更有活力。

在前面的章节中，我们揭示了可持续发展的关键。这些经验教训可以简化为成长等式：**压力 + 休息 = 成长**。这个等式提供了简单而深刻的指导，帮助你规划你的每一天、每一周、每一年。就像教练给运动员提供了训练计划的总览图一样，成长等式也为你提供了提高成绩的总览图。我们必须一再强调，以这种方式工作绝对是获得终生满足感和进步的关键。

但要更全面地理解如何才能最大限度地发挥自己的潜能，我们需要放大并关注一些重要的细节。在下一章中，我们将讨论那些能带来出色表现的特定方法和习惯。我们将探讨多产的作家是如何有意识地激发出一种能让他们每天写出数千字的特殊的精神状态，最好的音乐家是如何在成千上万尖叫的歌迷面前做好表演准备，以及奥运会运动员是如何做好在世界上最大的舞台上竞争的精神和身体准备的。我们将了解，杰出的表现者从不碰运气。相反，他们会有意识地设计出特定的精神和身体状态，设计出自己的每一天，以实现最好的自我状态。而且，你即将发现，你也可以做到这一点。

第二部分

准备工作

优化习惯

马特·比林斯拉（Matt Billingslea）正躲在拥挤的更衣室的角落里。他需要一个属于自己的小空间，来为即将发生的事情做准备。在短短 30 分钟之后，他将进入一个座无虚席的体育场，在数千名咆哮的歌迷面前表演。但此刻，他正在做一套健身操，看起来就像一个经验丰富的职业拳击手，正有节奏地从一边跳到另一边。这种特定的准备方式是经过多年练习、改进和重复的结果，已经成为一种习惯。就像每天早上要刷牙一样，每次表演之前，他都要做这套动作。

他开始大幅摆动手臂，逐渐提高速度和强度。接着，他背靠着墙，开始做蹲起练习，激活核心和背部肌肉。他反复做着这些动作，将积极的伸展和抓握动作结合在一起。他的血液在流动，关节在放松，肌肉开始感到温暖。所有这些都是他身体准备好了的信号。

离开始表演还有 10 分钟。人们的呼喊声越来越大。他的身体可能已经准备好了，但大脑还在飞速运转。比林斯拉将注意力转移到正确的脑区去。他深呼吸，想象自己的每一个动作，想象着身体以仿佛每小时 100 英里的速度运动时他该如何控制它。他试图培养一种特定的心理状态，他称之为"区域"。对比林斯拉来说，"区域"代表了他的一种思维状态。进入状态后，他不会沉溺于失误，也不会被人群分散注意力。他告诉我们，在理想情况下，他会完全停止思考，他的表现会变得自动化："我已经提前做好了所有准备工作，但现在，我试着达到一个最佳状态，那就是不去想自己在做什么。我知道，当我的身心达到完全同步时，我就进入了这种最佳状态——那感觉毫不费力，表演就像从我身上自然流出一样。"

比林斯拉很了解这一点。他进入过这种最佳状态很多次，而他今晚和之后每隔一晚的表演是否流畅，取决于他能否再次进入这种状态。所有这一切都让我们想起了他的热身运动，以及它唯一的功能。"它给了我进入状态的最佳机会，并能帮我保持这种状态。"他解释道。除了让他从身心上做好准备外，这套他多年来一直沿用的习惯还有助于创造一种常规的感觉和可预见性。在会令大多数人都感到不舒服的情况下，它提供了一种安慰。

比林斯拉走上舞台。灯光昏暗。人群的呼声消散了一会儿。砰！灯亮了，当国际巨星泰勒·斯威夫特（Taylor Swift）高唱她的最新热门歌曲时，空气中充满了 5 万多名狂热粉丝疯狂的喊叫声。比林斯拉坐在她身后几英尺的地方敲着鼓。

在成为这个星球上最受欢迎的表演者之一的团队的中坚力量之前，比林斯拉花了多年时间打磨自己的技术。他投入了无数个小时进行深度专注练习，在通过休息来恢复和成长之前，先给自己的身心施加压力。他在全美各地的餐馆和酒吧里进行过数千场小型演出。他的经历是进取精神的缩影。他早期表演生涯的大部分时间都在一种贬义的曲调中度过，这种曲调不是由斯威夫特，而是由那些瞧不起他的人演唱的。他们告诉他，"你在音乐上是不会成功的"。那些年的实践、坚持和经验——最终积累成了我们所说的才华——成为他参与斯威夫特世界巡演每一站的基础。但为了充分发挥自己的才能，在某个特定夜晚奉上最好的表现，他依靠的却是坚如磐石的日常习惯。

比林斯拉并不是唯一这样做的人。无论是作家准备写一个故事、运动员准备一场比赛还是商人准备一场高风险的演讲，**杰出表现者的愿望从来都不只是在比赛中脱颖而出。相反，他们会积极创造具体的**

条件，以激发自己的最佳状态，**为巅峰表现做好准备**。我们将在本章了解，这些启动策略是有效的，因为它们具备特定的组成部分并能持续重复。这种结合——开发符合个人需求的"正确"习惯并一遍又一遍地重复它——是达成巅峰表现的途径。

通过热身进入最佳状态

你注意到比林斯拉的习惯有什么奇怪的地方吗？比如，这套动作中根本没有关于打鼓的？当我们问比林斯拉这个问题时，他告诉我们，他曾经兼职做过私人健身教练。我们试图通过这本书打破领域之间的壁垒，将知识应用从一个领域扩展到另一个领域。本着同样的精神，比林斯拉开始尝试用他在健身时学到的热身方法来为打鼓做准备。他发现，对举重和跑步很有效的俯卧撑、开合跳和原地跑，对打鼓也有一样的作用。这是有道理的。连续打鼓 2 小时是一项体力活。比林斯拉发现，在演出前提高心率和放松身体，比在技术角度进行热身重要得多。比林斯拉打鼓的技术已经炉火纯青。他拥有 30 年经验，在演出前再练习 30 分钟也不会有什么翻天覆地的效果，而只会让他分心。当他的目标是尽量放空大脑时，这种练习反而会让他想得更多。热身运动最好的效果应该是帮助他进入他希望身体和心理进入的状态。

如果他希望在表演开始时进入一种冷静的状态，如果不做正确的热身准备，他需要通过几首歌才能实现这种目标。这并不意味着他最终不会成功，但他告诉我们，他会冒着"想太多"的风险，而这可能会导致手上出错和思维混乱。[①] 为了尽量减少这种可能性，比林斯拉

---

① 当比林斯拉出错的时候，没有人会发现，即使是乐队的其他成员也不会注意到。尽管如此，他还是告诉我们，一个错误就能把他击垮。这很讽刺，因为他并不会受到他人的指摘。这种不懈的追求和对个人卓越表现的期望，在许多杰出表现者身上都有体现。

在一登台后就会确保自己的身体和心理都处于清醒状态。结果，他更迅速、更有意识地进入了这个并不容易进入的状态。他不会坐等机会来找他，而是会自己创造机会。在演出的高潮部分，当每个人都爆发出活力，比林斯拉汗流浃背，努力挑战着自己的极限。而他的头脑则处于一种冥想般的恍惚状态。

另一位深知比赛前热身运动的重要性的杰出表现者是梅根·高尼尔（Megan Gaurnier），只不过她不打鼓，她骑自行车。这位来自加利福尼亚的奥运会自行车选手是世界上最快的女车手之一。她告诉我们，经过多年训练，她的体能是她取得成绩的基础。但在比赛当天，为了最大限度发挥体能优势，她也要依靠一项习惯。"对我来说，这项习惯就是瑜伽。我每次都做同样的瑜伽动作，只需要花 20 ~ 25 分钟就能让身体和大脑进入比赛模式，屡试不爽。当枪声响起后，我能成功绝对要靠它。"

高尼尔并不是唯一看重热身运动的运动员。几乎所有优秀运动员都精心编排过赛前热身动作。例如，接受史蒂夫训练的世界级跑步运动员都知道热身应该从什么时候开始——通常是赛前 60 分钟。他们每个人都进行着自己精心设计的训练，从慢跑到动态柔韧性训练，再到短跑。他们的目标和比林斯拉、高尼尔是一样的：站在起跑线上时，他们的身心处于最佳状态。对运动员来说，热身不仅能促进血液循环，还能锻炼肌肉，也有助于头脑的清醒和放松。美国奥运英雄弗兰克·肖特（Frank Shorter）是最后一位在马拉松比赛中获得金牌的美国人（1972 年）。他在每场比赛前都会吃同样的早餐——烤面包、咖啡和水果，无论比赛规模大小。在回忆录《我的马拉松：金牌生活的反思》（*My Marathon: Reflections on a Gold Medal Life*）中，肖特写道，"始终如一的习惯是消除恐惧的另一种方式"。

你可能已经注意到，到目前为止，我们介绍过的习惯都不一样。这是因为并不存在某种通用的最佳习惯。**你的活动需要的身体和精**

神上的理想状态是由你自己决定的，你应该从一开始就找到让自己处于或极其接近这种状态的最佳方式。这种方式对某些人来说可能是瑜伽，对其他人来说可能是俯卧撑。

有些人的表现依赖于身体，所以热身对他们来说很重要，但对其他人也是这样吗？编剧和电影制片人阿列克西·帕帕斯（Alexi Pappas）碰巧也是一位世界级的跑步运动员，她说自己在创作领域的努力方式和跑步时是一样的：

> 我认为我应对创作瓶颈的方式和我对待跑步训练与比赛热身的方式是一样的。我有自己的秘诀和热身方式，始终可以通过它们"进入自己的最佳状态"。即使你要和全国最好的赛跑运动员比赛，你仍然可以做同样的热身运动，以同样的方式表现自己。我在写作时有些特定习惯，比如最喜欢坐的地方或者最喜欢喝的茶。我把拍电影当成实践，是我努力做的事情。无论身处顺境还是逆境，我都要好好表现。

帕帕斯说到点子上了。就像伟大的运动员为他们的巅峰状态做好体能方面的准备一样，伟大的思想家和艺术家也要做好精神方面的准备。

精神热身

陈一鸣（那位"快乐的好人"，你在第四章中读到的正念先驱）在进入会议室时有一种独特的习惯。当他第一次走进会议室时，他会迅速扫视一下四周，默默地在心里对房间里的每一个人做出评价。与传统的公司职员不同，他这样做并不是为在办公桌上开战做准备。相反，他会花一小会儿时间找到每个人的优点，即使他之前没见过他们。和梅丽莎一起工作真是太好了；吉姆是一位厉害的营销经理；那个红头发的女士看起来充满了正能量……在这样做的过程中，陈一鸣克服了一种常见的、把每个人都视为潜在威胁或障碍的本能反应。通过在脑海中说出几个简单的词，陈一鸣使自己进入了一种积极、合作的状态。

事实证明，积极的情绪有利于解决问题和提高创造力。在西北大学（Northwestern University）的一项实验中，受试者被要求填写一份评估他们情绪状态的问卷。然后，受试者根据各自的情绪状态被分为两组：一组是积极的，一组是消极的。积极组的受试者更有可能用创意解决具有挑战性的智力问题。为了找出原因，研究人员使用功能性磁共振成像扫描来观察在受试者试图解决问题时他们的大脑是如何工作的。在那些处于积极情绪中的人的大脑中，与决策和情绪控制相关的区域内的活动增强了。这个脑区（前扣带皮层）对解决问题而言是不可或缺的。然而，那些处于消极情绪中的人的这个脑区几乎没有活动。换句话说，受试者激活这一关键脑区的能力与他们的情绪有关。积极的情绪有助于解决问题和提高创造力，而消极的情绪在神经系统的深层抑制了这些功能。这项实验只是众多例子中的一个，它们证明了当你的大脑不平静时，**你的思考很难达到最好的水平**。

这个实验的意义很简单：你可以在重要的工作（包括解决问题和发挥创造性思维）之前让自己保持积极的情绪，从而提高工作表现。虽然听起来很疯狂，但研究表明，像观看搞笑猫咪视频这样简单的事情，就可以提高受试者后续在高认知要求任务中的表现。

与产生积极情绪同样重要的是避免消极情绪。为了提高你的表现，尽量避开那些可能让你情绪低落的人、场所和事物。虽然有些情况下这些因素可能是你无法控制的，但意识到情绪对表现的影响是很重要的。在开始意义重大的工作之前，和谁在一起以及如何度过这段时光真的很重要。

在对你自己、你的队友或同事进行评价时，考虑到情绪对表现的影响也很重要。最新的科学研究表明，如果生活中的其他因素不和谐，你很难在工作中表现出色。善待你自己和那些正在经历煎熬时刻的人，要认识到把"工作"和"生活"分开只是一种幻觉。

不仅依靠脑力或创造性的工作会受到情绪的影响，运动表现也是一样。以泰格·伍兹（Tiger Woods）为例，他的职业高尔夫运动员生涯随着个人生活的问题一落千丈。虽然伍兹的故事可能是个极端的例子，但运动科学家萨缪尔·马尔科拉（Samuele Marcora）进行的研究发现，即使是微小的情绪因素也能改变运动表现。在一项对受过良好训练的自行车运动员的研究中，在受试者全力骑行的同时，马尔科拉在屏幕上打出高兴或悲伤的面孔。这些面孔闪现的时间不过几分之一秒，短暂到只能被潜意识察觉。尽管如此，那些看到快乐面孔的人比看到悲伤面孔的人成绩高 12%。马尔科拉的研究进一步证明，情绪对我们大脑和身体深处的表现有着深远的影响。他的实验结果也支持了多年来坊间流传的证据：运动员往往在一切顺利（不仅是在赛场上，也包括在赛场外）时表现最佳。

虽然我们主要关注的是情绪，但心理准备还有很多其他形式。例如，在写这本书的过程中，每当我们遇到一个无法用普通休息解决的僵局，或者更糟糕的，当我们遭遇瓶颈期的时候，我们就会转而阅读这本书的同类书中我们最喜欢的那些。① 毫无疑问，重读这些书有助于激发我们的创造性写作思维。我们后来了解到，在一项实际的研究（类似我们的自我实验）中，研究人员发现，在阅读了优美的散文之后，受试者的模式识别能力 —— 一般认知表现的一个常见指标 ——

---

① 这些书包括凯利·麦格尼格尔的《自控力：和压力做朋友》（The Upside of Stress）、亚当·格兰特（Adam Grant）的《沃顿商学院最受欢迎的成功课》（Give and Take）、大卫·爱普斯坦的《运动基因》（The Sports Gene）、苏珊·凯恩（Susan Cain）的《内向性格的竞争力》（Quiet）、丹尼尔·平克（Daniel Pink）的《驱动力》（Drive）和埃米·卡迪（Amy Cuddy）的《高能量姿势》（Presence）。

提高了 37%。

这里的关键不在于你必须在办公桌周围摆上笑脸，或者在下一个重大活动之前看喜剧（尽管这些做法肯定不会有坏处）。我们需要知道的是，你在活动前的心理状态会对活动产生相当大的影响。就像比林斯拉、高尼尔和其他世界级运动员一样，你也可以设计一套活动前的热身习惯来帮助你达到最佳状态。

表现实践

☐ 思考一下，生活中对你来说最重要的事都有哪些。

☐ 确定做好这些事需要什么样的精神和／或身体状态。

☐ 在关键活动之前，让自己的头脑和／或身体为之后的表现做好准备。

☐ 测试和改进各种准备活动，最终为自己量身定制一套热身习惯。

☐ 坚持：每次参加相关活动时，都采用相同的习惯（这更说明了坚持的重要性）。

☐ 记住情绪对表现的影响，积极的情绪会持续很长一段时间。

生态心理学的启示：环境的重要性

在写这本书的过程中，我们不仅要依靠阅读我们喜欢的书，也要依靠咖啡。大量的咖啡。不是随便一杯咖啡，而是同样口味的咖啡，在同一家咖啡店，坐在同一张桌子旁，在一天中的同一时间，每天如此。此外，我们每个人都有专门在写作时听的音乐播放列表，布拉德甚至有一台专门用来写这本书的电脑。虽然乍一看我们似乎是 A 型人

格 ① 理论的受害者，但事实并非如此。相反，我们只是听从了史上最多产的作家之一斯蒂芬·金的建议。

金的所有写作准备——从他写作的房间到他书桌的位置，到桌上的资料，再到他写作时播放的 AC/DC、Metallica 和 Guns N'Roses 乐队的曲目——都是他有意为之的。金的准备并没有什么特别的秘密，肯定也不适合每个人（例如，我们就无法想象听着重金属音乐写作）。然而，重要的是，他创造了一个适合自己的环境。在回忆录《写作这回事》（*On Writing*）中，金简单地写道："我们大多数人在属于自己的地方才能做出最出色的工作。"

金的观点并不是他独有的。你在本书中遇到的几乎每个杰出的表现者都会强调，他们在哪里完善他们的技艺是很重要的。从世界级运动员最喜欢的健身房，到获奖艺术家的定制工作室，到金的写作小窝，**我们工作的具体地点是很重要的**。一种名为"生态心理学"的鲜为人知的领域向我们揭示了其中的原理。

生态心理学认为，我们周围的物体不是静止的，相反，它们会影响并导致特定的行为。实验证明，一个物体仅仅是映入眼帘，就会引发与特定行为相关的大脑活动。例如，当我们看到一张椅子的图像时，我们大脑中负责协调"坐"这种行为的部分（例如运动程序）就会开始运转，即使我们的身体并没有移动。就好像椅子在对我们说"嘿，过来坐吧"，而我们的大脑在倾听，并做出了相应的反应。这一现象有助于解释为什么像足球这样的运动项目中经常有运动员报告说，他们不会去"思考"该往哪个方向跑，因为推理的线性过程会花费太长时间。相反，当足球场上出现一个缺口时，它实际上是在比意识更深的层面上邀请球员们跑过来。

---

① 20世纪50年代美国心脏病学家迈耶·弗里德曼（Meyer Friedman）和罗伊·H. 罗森曼（Roy H. Rosenman）首创的术语。A型人格的特点是雄心勃勃、不耐烦、有竞争力、易患心脏病。——编者注

简言之，我们并不像自己想象中那样与周围的环境隔绝。相反，我们的大脑与周围的物体进行着复杂的对话。它们交谈得越多，之间的关系就越紧密。例如，一个婴儿第一次看到椅子时，大脑中的运动程序不会自动启动，但当婴儿成年后，她已经见过并坐过成千上万把椅子，看到椅子时，她的大脑深处就会引发与"坐"的动作相关的反应。

这个概念可能看起来有些深奥，但它的实际含义很实用，也很简单。当我们创造一个用来打磨技术的空间时，在我们周围设置能够激发我们想激发的行动的物品，同时移除那些无法激发正面行动的物品，是一种有用的方法。米哈里·契克森米哈赖在《进化的自我》（*The Evolving Self*）中指出，有意识地了解我们的环境对获得巅峰表现至关重要。他写道，我们所处的环境变成了"自我的扩展……变成了头脑可以借助其在经验的基础上创造和谐之物的工具"。

表现实践

☐ 创造一个"属于你自己的地方"，在那里做最重要的工作。

☐ 在你的周围摆满能激发预期行为的物品。

☐ 坚持在同一个地方工作，使用相同的工具。

☐ 长此以往，你所处的环境会通过深层次的神经系统提高你的工作效率。

此外，通过在相同的环境中持续不断地工作，我们和周围环境之间的联系会变得更加紧密。行为神经学家丹尼尔·列维汀（Daniel Levitin）的研究为布拉德使用特定电脑进行写作的行为提供了依据。根据列维汀的理论，当一个物体，比如一台电脑，被单独用于特定的

任务，比如写作时，主体（作者）和客体（电脑）之间的联系就会加强。随着时间的推移，作者只要看到那台特定的电脑，就会被激发出写作的欲望，这真的会促使布拉德对他正在写的书、故事或文章进行思考。

有意识地设计习惯的方法不仅包括在重大活动前穿特定的袜子或内衣这些迷信。相反，我们在身体和大脑进入特定状态之前所做的活动以及我们所处的环境，都会引发和影响我们的某些行为。当我们重复执行同样的程序、在同样的环境中工作时，我们的大脑和身体就建立了牢固的联系。我们会把工作前做的事情和工作地点、工作本身联系起来。本质上说，我们由此让自己进入了工作状态。

用习惯调节表现

你在上文中看到，斯蒂芬·金对写作惯例和写作环境有很高的要求。因此，他无论何时坐下来写作，都为提高效率做好了准备。金不相信偶然，他不认为灵感会神秘地降临。"不要等待灵感，"金在他的回忆录中写道，"你的工作是确保灵感知道你每天从9点到中午或从7点到3点人在哪里。如果他知道，"金写道，"我向你保证，他会出现的。"

就像鼓手比林斯拉利用自己的热身习惯来进入预想中的状态，或者自行车运动员高尼尔利用自己的热身习惯来为自行车比赛做好身心准备一样，金会依靠独特的习惯来获得源源不断的创造力。"习惯存在的意义就是让你感到熟悉和适应，你每天都在同一时间用纸或电脑写作，就像你每天晚上在同一时间上床，按照你的习惯走完每天要走的程序，然后准备好进入梦乡一样。"

金对程序的依赖在伟大的思想家中并不新鲜。另一个著名人物的例子是心理学家B. F. 斯金纳（B. F. Skinner）。在20世纪60年代早期，当斯金纳进行他最具开创性的脑力工作时，他严格地坚持某些日常习惯。在 1963 年的一篇日记中，他写道：

> 我通常在 6 点到 6 点半之间起床，然后听广播新闻。我的早餐在厨房的桌子上，通常是一盘玉米片。咖啡是由炉子上的定时器自动煮出来的。我一个人吃早餐……大约 7 点左右，我下楼到书房去，那是我们地下室里一间用胡桃木镶板装饰的房间。我的办公桌是一张很长的斯堪的纳维亚现代风格的桌子，上面有一组书架，是我自己打的，用来放学术作品、字典、单词书等。晚些时候我会去办公室。这几天我都在 10 点前出发，这样黛比就可以和我一起去上她的暑期班了。

他继续记录着，几乎一分钟不差地还原了他每天生活的精确细节。

斯金纳是习惯的终极信徒。他甚至会根据计时器来开始和结束写作。当然，最具讽刺意味的是，斯金纳利用了习惯的力量来帮助他发展支撑习惯力量的心理学：行为主义。行为主义的核心观点是，某些行为可以由外部线索触发或"调节"。斯金纳最著名的调节技能包括教大鼠拉杠杆和教鸽子打乒乓球。他把希望动物做的行为与食物建立起联系，以此教会这些动物这些行为。（任何用食物训练过宠物的人都要感谢斯金纳。）

斯金纳认为，只要将两者（即诱因和行为）联系起来并得到积极强化，几乎任何一个诱因都可能引发某些行为。在行为主义的视角下，斯金纳自己苦心经营的日常习惯成为暗示写作行为的一个诱因，而写作的积极情绪则强化了写作的积极性。

现代心理学认为，人类的行为远比斯金纳的行为主义所认为的要复杂。不过，该理论的精髓在后来开始流行的习惯科学——行为可以由之前的活动引发——中得到了发扬。也许今天我们不会说，比林斯拉、高尼尔和金在用他们的习惯来对表现进行"调节"。相反，我们会说他们"养成了一个好习惯"。不过这两种说法其实是一回事。

表现实践

　　☐ 将关键行为与特定的线索和／或习惯联系起来。

　　☐ 保持一致性和高频率，每次在特定活动前执行相同的习惯。

　　☐ 如果可能，将关键活动与相同的环境（例如一天中的某段时间、某种物理环境等）联系起来。

　　☐ 如果你的活动需要在不同的环境中进行，你需要开发可以在任何地方执行的"便携式"习惯（例如深呼吸、自言自语等）。

　　☐ 坚持才是硬道理。如果你不坚持，最好的习惯也毫无意义。

　　如果我们始终能将工作与相同的习惯（如果可能的话，还有相同的环境）联系起来，杰出表现便唾手可得了。

从心理学到生物学

　　戴夫·汉密尔顿（Dave Hamilton）的英国口音在宾夕法尼亚州兰开斯特的训练场上很出挑。作为美国女子曲棍球队的表现科学主任，汉密尔顿担负起了结束美国队自 1984 年以来的奖牌荒的任务。不久前，汉密尔顿刚被从英国招至美国。他帮助英国女子曲棍球队在 2012 年奥运会上获得了一枚铜牌。

就像美国队一样，2012 年之前的英国队也遭遇了奖牌荒，有 20 年没有获得任何奖牌。尽管英国队的全部指标都符合世界级表现的标准，但她们在关键比赛中却举步维艰。她们在训练中是冠军，但在比赛日却无法完全发挥出真实水平。作为一名运动科学家，汉密尔顿仔细地探寻了她们无法将模范训练转化为优秀成绩的原因。

汉密尔顿从运动员训练制度开始，密切观察着一切因素。一切都很正常。他在每次训练中都能看到高水平的发挥，因此从生理技能方面入手做出改变并不是他想要的答案。但是，汉密尔顿想知道，如何改变她们的生物机能呢？这会给他的运动员们提供在比赛日需要的突破吗？

汉密尔顿对睾丸激素格外感兴趣。也许与其他激素相比，睾丸激素与表现水平的相关性更强。它能加速肌肉生长，增强肌肉力量。除了对我们的生理机能产生深远影响外，睾丸激素还与增强创造力、自信心、记忆力和注意力有关。换句话说，睾丸激素在几乎所有活动中都是一种有效的成绩提升剂。虽然运动中禁止使用合成睾丸激素，但汉密尔顿相信，他可以帮助运动员提升体内自然存在的睾丸激素水平。

汉密尔顿采取的第一步是给运动员们增加了一倍的睡眠时间，以确保她们每晚至少睡 8 个小时（更多关于睡眠和睾丸激素的内容，见第五章）。但他的研究不仅限于睡眠范畴，他还通过唾液测试来测量很多因素对运动员睾丸激素水平的影响。例如，他评估了睾丸激素对消极与积极反馈、赛前演讲、励志电影、社会环境、短跑与耐力热身的反应。

汉密尔顿发现，提高睾丸激素水平没有固定的方法。运动员对不同刺激的反应各不相同。例如，有些人在快速短跑后睾丸激素水平升高，而有些人则在慢速长跑后睾丸激素水平升高；一些人在独自热身后睾丸激素水平更高，而另一些人则在集体热身等活动后睾丸激素水平升高。然而，不变的是，在赛前提高睾丸激素水平显著地提升了运动员们的表现。解决汉密尔顿的难题的关键就是提高运动员的睾丸激素水平，这也是英国女子曲棍球队最终赢得一枚奥运奖牌的关键原因。

考虑到这一点，在 2012 年奥运会之前，汉密尔顿和他的每个运动员一起制定了个性化的赛前习惯。在帮助运动员调整赛前热身动作时，他会通过测量她们的睾丸激素水平来确保她们的动作是最佳选择。到 2012 年奥运会时，每个运动员都有了一套专门为最大限度提高睾丸激素而设计的习惯。当年她们获得的奖牌证明，这种非传统的方法奏效了。

虽然汉密尔顿用反复的测试帮助运动员制定了热身习惯，但如此极端的精度也许并不是必要的。他告诉我们，毫无疑问，当运动员们感觉良好时，她们的睾丸激素水平最高。因此，他表示，"在比赛日，我们所做的一切都是为了让每一位运动员在哨声响起时都能感到自信，感到自己的身体和心理都做好了准备"。

在本章的前半部分，我们了解到习惯是如此有效，这是因为它们能够激发特定的行为以及身心状态。汉密尔顿的故事告诉我们，个性化的日常习惯不仅能让我们开始工作，还会改变我们的生理机能和荷尔蒙水平，从而提升我们的力量、自信、创造力、注意力和记忆力。换句话说，量身定制热身习惯并不只能让我们为表现做好准备，还能提高我们的表现水平本身。

如果压力＋休息＝成长是我们建立技能的基础，那么日常习惯和环境就能帮助我们充分发挥自己的才能。

想获得最多，从极简开始

　　迈克尔·乔伊纳是久负盛名的梅奥医学中心的医生和研究员。他是人类表现方面的专家，本身也是一位杰出表现者。乔伊纳已经就杰出表现的主题发表了 350 多篇文章，并因此获得了无数奖项。最近，他被梅奥医学中心提名为"杰出研究员"，并通过著名的"富布莱特学者计划"（Fulbright Scholar Program）获得了一笔拨款。除了开展研究，身为麻醉师的乔伊纳还定期为病人治疗，是无数后辈的导师，他开玩笑地表示自己创办了一所"我自己的蒙特梭利学校"。他为《体育画报》（Sports Illustrated）杂志撰稿，并常作为专家在其他重要出版物上发表意见。如果这还不够，乔伊纳本人（现年 58 岁）还是个狂热的运动员，在他的全盛时期，他在马拉松赛场上的速度是很惊人的。更令人称奇的是，他结了婚，还有孩子。

　　乔伊纳没有特殊的突变基因，没有无穷无尽的能量，也不会每天工作 12 个小时。然而，他会尽量减少干扰，排除与工作无关的活动。这并不是说乔伊纳格局很小，只在自己的领域内活动。事实恰恰相反。他告诉我们："我每天会留出 60～90 分钟来阅读我的专业领域之外的内容。这有助于我产生新想法。"但是乔伊纳之所以做这种广泛的阅读，只是因为他认为创造力是他的研究中不可或缺的一部分，而广泛的阅读是他开启创造力的钥匙之一。他不会把时间和精力花在对他的任务不重要的事情上。"想获得最多，"他说，"你必须先从极简开始。"注意：这并不意味着你应该追求过于具体或专业化的目标。正如我们在本书中看到的，许多杰出表现者有着广泛的兴趣，这些兴趣共同起作用，促使他们获得成功。然而，这确实意味着，你应该识别并努力扬弃生活中所有流于表面的内容。你应该充分意识到如何利用你最宝贵的资源：时间。

乔伊纳的生活就是这种哲学的例证。他起得很早，4 点半到 5 点间就起床了。这时，他的妻子和年幼的孩子还没有醒来。他的头脑处于最清醒的状态，他可以心无旁骛地完成他认为当日最紧迫、最重要的工作。当他的家人醒来时，他已经打算休息一下了，于是他开始和他们共度美好时光。一个小时后，当他出门的时候，他会带上一个装好的健身包，里面装着同一套运动服和工作服。他告诉我们："我不想浪费脑力去考虑穿什么。"然后，他骑自行车去他办公室附近的健身房，那里离他的办公室只有几英里远。"我选择住处时也很慎重，"他说，"我不想在上下班路上浪费时间，也不想在处理交通问题上消耗意志力。所以我选择了一个骑一会儿车就能到的地方。另外，在我不能去健身房的日子里，骑车上下班至少能让我做一些运动。"

在工作中，乔伊纳不参与办公室政治或八卦。虽然他每天都有无数的研讨会和会议可以参加，但他经常选择不参加，以免分散他深度工作所需的注意力。（晚上回到家后，乔伊纳会尽最大努力"远离工作"，几乎不会再去参加任何活动。）他告诉我们，为了完成重要的工作，"你需要对很多事情说不，这样在你需要做事的时候，你就能调动起全部精力"。乔伊纳也会第一个告诉你，说"不"并不容易。"我本可以住在纽约、波士顿或华盛顿特区，"他解释说，"但我被明尼苏达州的罗切斯特吸引了，因为这个地方能让我最轻松地专注于对我来说最重要的事情——我的研究和家庭。"乔伊纳热爱他的研究和家庭，所以他在这里生活得非常开心。

对乔伊纳来说，他每一天的日程乃至全部生活都是围绕着消除干扰和"无关紧要"的决定来规划的。在这个过程中，他为那些对他来说至关重要的活动保留了能量和精力。换句话说，乔伊纳之所以能在自己的专业领域实现成绩的最大化，是因为他在几乎所有其他领域都是一个极简主义者。

如果你觉得乔伊纳的生活哲学和方式听起来很熟悉，那是因为他与我们在第三章中遇到的另一位杰出表现者鲍勃·科克相似。鲍勃把他一天的计划细分到每一分钟，确保每分钟都有一个明确的目标。和乔伊纳一样，鲍勃对自己做什么或不做什么，以及要把精力投入什么地方都很用心。我们将在后文中详细介绍的埃米尔·阿尔萨莫拉（Emil Alzamora）是一位获奖艺术家，他在他的后院建造了工作室，称之为"洞穴"。他告诉我们，他这样做"是为了尽量消灭我和我的艺术工作之间的障碍"。阿尔萨莫拉、鲍勃、乔伊纳和其他许多杰出的表现者都有这种想法。他们会选择把精力集中在何处，会保护自己的精力不受其他任何事物的侵害。他们精力的敌人甚至包括一些看似简单的事情，比如决定穿什么风格的衬衫。

避免决策疲劳

下次你坐在电脑前的时候，花点儿时间搜索一下 Facebook 创始人兼首席执行官马克·扎克伯格（Mark Zuckerberg）的照片吧。（读到现在，你已经知道我们希望你不要总去碰手机，但如果你必须拿的话，那就去吧。）你很可能注意到，他的照片都有些相似之处。除了极少数有特殊要求的场合，扎克伯格几乎总是穿着一样的衣服：蓝色牛仔裤、灰色 T 恤和连帽卫衣。扎克伯格这么做并非是想发表什么时尚宣言，向硅谷推广一种轻松的着装风格（尽管确实造成了这种客观效果），相反，他有限的行头是为了提高他的工作效率和表现。

2014 年底，在扎克伯格的首次公开问答环节中，一个最受关注的问题是"你为什么每天穿同一件 T 恤"。

扎克伯格回答说："我是真想把生活中不必要的东西都排除掉，这样我就能尽量少做决定，把时间花在更好地运营公司这件事上。"他接着解释说，这些决定（比如选择穿什么）看似微不足道，但累积起来，结果可能会令人筋疲力尽。他说："我处在一个非常幸运的位置上，每天早上醒来后都能为 10 多亿人服务。如果我把精力花在生活中这些愚蠢或琐碎的事情上，我会觉得我没有做好自己的工作。"

扎克伯格并不是第一个简化衣橱的行业精英。众所周知，阿尔伯特·爱因斯坦和扎克伯格一样，有一个挂满"很多一样的灰西装"的衣橱。史蒂夫·乔布斯（Steve Jobs）似乎永远穿着黑色高领毛衣、蓝色牛仔裤和运动鞋。美国前总统奥巴马（Barack Obama）在接受《名利场》（*Vanity Fair*）杂志采访时说："你会发现，我穿的都是同样的灰色或蓝色西装。我在努力减少生活中决策的数目。我不想决定吃什么或穿什么，因为我有太多其他决定要做。"杰出表现者从生活中剔除琐碎决定的例子我们可以一直列举下去，但是，不做这些简单的选择——蓝色还是红色衬衫、麦片还是脆谷乐——真的会影响表现吗？

请回想一下我们在第一章中介绍过的由心理学家罗伊·鲍迈斯特提出的"精神肌肉"的概念。我们有一个有限的精神能量库，在一天中，当我们使用它的时候，它会被消耗，直至殆尽。[①] 最初，对这一理论的研究主要集中在自我控制领域：在一天的早些时候抵制诱惑，会使我们更有可能在晚些时候屈服于诱惑。但科学家们很快发现，不仅是抵制诱惑让我们疲惫不堪，做决定也会如此。

---

① "恢复"意志力最好的方法之一就是从繁重的任务中抽身休息一下。这就解释了为什么我们早上醒来时会充满活力——对大多数人来说，睡眠是最长的休息。

法官的职责是根据手头的证据做出公正的判决。我们希望法官能够掌握最小化噪音和偏见、不受任何干扰地评估每一个案件的技能。这就是为什么研究显示了一个令人惊讶的事实：法官的裁决在很大程度上受到他们此前做出的裁决数量的影响。例如，一项研究发现，法官在一天开始时准许犯人假释的概率为 65%，但在一天结束时的这个数字几乎为零。这些法官被一种叫作"决策疲劳"（decision fatigue）的现象压垮了。当法官们被迫做出的决定越来越多，他们在精神上变得疲惫，因此没有精力去批判性地思考案件，而是选择了更简单的默认选择 —— 不准假释。

法官并不是唯一因批判性思维而受人尊敬，同时也饱受决策疲劳之苦的专业人士。最近的一项研究发现，在一天之内，医生开出的错误处方也随着时间过去明显地增多了。这项研究的主导者杰弗里·林德（Jeffrey Linder）告诉《纽约时报》："说得极端点儿，医生也是人，也可能感到疲劳，在工作快结束时做出的决定也会比之前糟糕。"

毫无疑问，比起决定穿什么颜色的衬衫，评估是否允许假释或给病人做检查需要更多的思考。尽管如此，看起来微不足道的决定仍会让我们感到精疲力竭。实验表明，被迫在一系列消费品中做出选择（如 T 恤颜色、香薰蜡烛香型、洗发水品牌、糖果类型甚至只是袜子种类）的人的表现，无论是在体能、毅力还是问题解决能力方面，都比那些没有做选择的人差。那些做过多次选择的受试者在当天晚些时候会在生活中的其他方面表现得更为拖延。这些研究者得出结论，即使是为最简单的事做决定，"做很多决定也会让人处于疲惫状态"，进而损害他们在未来活动中的表现。

每当我们在思考后做出决定，不管这些决定看起来多么无关紧要，我们的大脑都会去处理不同的场景，并评估所有的选项。当我们做出的决定增加时，我们大脑处理的工作量也会增加。就像其他肌肉一样，我们的精神肌肉也会疲劳。① 除了使我们疲惫之外，做决定，即使是很小的决定，也会影响我们思维的敏锐性。我们的大脑必须放下目前正在思考的事情（或者，如果我们的大脑处于创造性神游状态，它们必须被转换成努力思考的状态），而这一切只是为了考虑我们应该穿什么样的袜子。

这并不意味着我们应该生活在"自动驾驶模式"下，选择几乎不去做任何决定。但它确实意味着我们应该意识到，**我们的精力是有限的，需要把它投入真正重要的事情上**。当然，我们认为真正重要的事越多，我们花在其中任何一件事上的精力就越少。只有成为一个极简主义者，我们才能做到事半功倍。

成为一个极简主义者的关键是，对你核心任务之外的所有内容都进行习惯化处理。决定变成自动的以后，你就跳过了有意识的思考和相关的大脑活动。你直接从遇到一种情况（例如，我需要穿衣服）变为采取行动（例如，穿上我每天都穿的那件衬衫），而不会被中间的步骤消耗能量。从某种意义上说，你在欺骗疲劳感，把你的精神肌肉留给对你来说真正重要的事情。你自动做出的决定越多，你就越有精力去做你认为重要的工作。因此，"极简主义-事半功倍"的生活方式中最重要的是明确什么对你真正重要 —— 什么才是真正值得你花费精力去做的事 —— 并尽可能少在其他事情上花费精力。

表现实践

　　□　要想事半功倍，你必须做一个极简主义者。

---

① 我们的精神肌肉不仅负责我们批判性思考的能力，也负责我们的自控力。这意味着即使你的努力本质是身体方面的（例如跑步或举重），你将自己推到极限的能力——自控力最具挑战性的表现之一——也可能取决于你当天早些时候做决定（或没有做出决定）的事实。换句话说，不管你做什么，避免不必要的决策都可以提高你的表现。这就是为什么许多教练会尽力确保运动员在比赛日不用思考任何问题。

　　□　回想你一天中做过的所有决定，找出那些对你来说不重要的事。

　　□　尽可能把不重要的决定自动化。常见的例子包括：

　　∨　穿什么

　　∨　吃什么

　　∨　在什么时候完成日常习惯（例如，每天在同一时间锻炼，这样你就不用考虑这件事了）

　　∨　是否参加社交聚会（这并不总是一个好主意，但在重要工作期间，许多杰出表现者会采取严格的策略，对社交活动说不）

　　□　除了尽可能避免做决定外，不要把脑力用在八卦、办公室政治或担心别人对你的看法上。（当然，除非你的核心任务是成为一名民选官员，那么这些实际上是至关重要的。）

　　□　除了对日常决策进行反思外，还要考虑比较重大的生活决策（比如居住位置选择）的第二和第三级影响（例如，通勤时间、经济压力等）。

云雀和猫头鹰

　　如果设计最佳一天的第一步是明确要做什么（也许更重要的是不要做什么），那么第二步就是明确什么时候做。在《创作者的一天世界》（*Daily Rituals*）一书中，作者梅森·柯里（Mason Currey）详细描述了世界上50多位最伟大的艺术家、作家、音乐家和思想家一生中典型的一天。毫不奇怪，他们几乎都是极简主义者，都坚持着相当严格的日常习惯。但是，这些习惯本身以及他们如何安排其执行，却有着很大的差异。这种差异的一个经典例证就是他们最优秀的作品产生的时间。有些人——包括莫扎特在内——最好的作品是在深夜创作的。还有一些人——包括贝多芬在内——在黎明时分最多产。我们得到的信息并不是大多数杰出表现者都在一天的某个时间完成了最好的作品，最佳的工作时间也并不存在。相反，每个人都知道自己什么时候最敏锐、注意力最集中，并会根据这些特点来设计自己的一天。他们会围绕着各自的"时间型"（chronotype）对生活习惯进行优化。"时间型"是一个科学术语，指的是每个人在 24 小时内经历的独特的能量起伏。

科学家们把早上最清醒的人称为"云雀型"，把晚上最清醒的人称为"猫头鹰型"。大量研究证实，这样的分类是很合理的。无论从事的是体力上的还是认知上的任务，大多数人的最佳表现都有自己的时间倾向，有些人倾向于在一天的前半段时间表现出最佳状态（就像云雀），而另一些人则倾向于在一天的晚些时候表现得更好（就像猫头鹰）。这些个体差异根植于我们身体独特的生物节律之中，与能量和注意力相关的各种激素得到释放以及体温上升或下降的时间有关。虽然我们中的一些人会在一天的早些时候获得激发荷尔蒙的脉冲，但对另一些人来说，这一时刻会来得晚一些。

确定你的时间型

为了帮助你确定自己的"时间型"，你可以使用由英国拉夫堡大学（Loughborough University）睡眠研究中心的研究人员设计的问卷。你也可以通过简单地回答下面这三个问题明确自己属于哪种类型（云雀还是猫头鹰）。

1. 如果你可以自由安排晚间活动，第二天早上也没有任务，你会在什么时候睡觉？

2. 你必须做 2 小时的体力劳动。如果你可以完全自由地规划你的一天，你会在什么时候做这项工作？

3. 你必须参加一次特别耗费精力的 2 小时的测试。如果你完全可以自由安排测试时间，你会选择什么时候参加？

这份问卷是一个很有价值的工具，但了解你最佳时间计划的最佳方法是倾听你身体的声音。在接下来的两天里，注意观察什么时候你的能量水平最高，什么时候你的大脑开始变得混沌，注意力开始下降，你的工作开始受到影响。

虽然两天的观察周期可能足以说明问题，但如果你此前长期摄入咖啡、糖并努力抵抗过疲劳，你的时间型会被打乱。因此，了解你的时间型的标准方法是 7 天不设置闹钟或只要感到疲劳就立刻停下来休息。你不仅能准确地掌握自己的时间型，还能从这种让你的身体恢复自然节奏的"重置"过程中受益。

你可以做大量的纵向血液检查来确定你什么时候最有可能进入最佳状态，也可以省下钱和麻烦，只问自己一些关键问题。我们在写这本书时采访过的所有杰出表现者都告诉我们，他们会在某些时候进入最佳状态，除了一些奥运会选手外，这些人不会依靠血液检查来找出这些时段。他们只是进行了一点内省。

在巅峰时间（例如，云雀型人的早晨和猫头鹰型人的晚上），我们会在需要高度专注的工作中表现最好，而对产生创造性想法的工作而言，情况正好相反。正如我们在第四章中看到的，创造力通常需要我们从正在做的事情中抽身，让我们的思想自由驰骋。这样一来，我们就释放了潜意识中的创造力（大脑的默认模式网络）。在我们的巅峰时间，当我们高度敏锐和注意力集中的时候，我们的意识主导我们的思维。但在我们的非巅峰时间，当我们变得疲惫，需要努力保持专注，我们更具创造性的思维就有更好的机会显现。因此，研究人员发现，在需要创造力的任务中，云雀型在晚上表现最好，而猫头鹰型往往在早上最有创造力，这也就不足为奇了。

随着时间的推移，我们（史蒂夫和布拉德）发现自己属于云雀型，于是根据这一点安排了我们写作的时间。我们利用早晨来编辑和完善写作（需要深度专注的工作），利用下午来研究新想法和下一阶段的写作（需要创造性的工作）。这就形成了一个很好的循环：我们会在早上完成前一天下午提出的创造性工作。

杰出表现者不会与身体的自然节奏抗争，相反，他们会利用这一点。他们故意把最困难、要求最高的深度专注型工作（对运动员来说就是训练）安排在他们最清醒的时候。对一些人来说是清晨，对另一些人来说是深夜。当他们的生理机能发生变化，变得不那么敏锐时，杰出表现者会专注于那些虽然仍是他们工作的一部分但需要较少注意力的任务。这些任务包括回复电子邮件、安排不能推掉但非常低效的会议以及做一些基本的家务。最后，当他们的注意力真的开始分散时，他们不会"强迫"自己继续工作。相反，杰出表现者会让他们的思想游荡，让他们的身体恢复，在这样做的过程中，他们反而会经历一些顿悟的时刻。换句话说，杰出表现者非常清楚自己独特的时间型，并会尽其所能，让自己的活动与精力水平相匹配。你也可以努力做同样的事情。

表现实践

☐ 使用前面的方法确定你的时间型。

☐ 根据自己的精力水平，有计划地安排好每一天的活动。

✓ 保护好你最清醒的时间，把它用在最重要的工作上。

√　在你不那么清醒的时候安排要求不那么高的任务。

√　不要对抗疲劳！相反，利用这段休息时间来恢复和激发创造性的想法。你可以在下一个精力充沛、注意力集中的周期继续工作。

☐　按照你的时间型工作不仅能使你的工作效率最大化，还能确保压力和休息之间的平衡。

明智择友

2010 年，美国空军学院（United States Air Force Academy）开始研究为什么有些学员在学习期间体能有所提高，而有些学员则没有。美国国家经济研究局（National Bureau of Economic Research）对一组学员进行了为期 4 年的跟踪研究，发现尽管所有学员的体能增减存在差异，但他们在中队中的排名几乎没有变化。中队是由大约 30 名学员组成的小组，成员都是在入学之前随机分配的。学员们把绝大多数时间花在了与中队同伴的交流上。从某种意义上说，中队成了学员们的第二个家：隶属同一个中队的学员一起吃饭、睡觉、学习和训练。尽管所有的中队都以完全相同的方式训练和恢复，但在过去 4 年中，一些中队的体能有了大幅提高，而另一些则没有。

结果表明，一个中队的 30 名学员的体能是否得到了提高，决定性因素在于该中队中最弱者提高体能的动力。如果最弱者受到激励去提高自己的体能，那么他的热情就会在中队中传播，每个人的体能都会得到提高。另一方面，如果最弱者得过且过，或者更糟，对提高体能持消极态度，他就会拖垮所有人。**就像疾病很容易通过关系亲密的群体传播一样，动机也是如此，而且其传染性很强。**

即使是观察他人这种简单行为也会影响观察者的动机。罗切斯特大学（University of Rochester）的研究人员让受试者观看一段视频，视频中有人描述自己出于内在动机（即动机来自内心）或外在动机（即动机来自外部认可和奖励）去玩一个游戏。那些被要求观看描述自己内在动机的视频的人报告说，他们认为自己的内在动机更强。此外，当研究人员让受试者独处时，那些观看了描述内在动机视频的人开始（自愿地）玩起同样的游戏，而那些观看了描述外在动机视频的人则没有。也许最有趣的是，无论受试者在实验前的动机是内在的还是外在的，视频的影响都很强烈，就好像他们本人的态度完全被周围人的态度带着走了一样。

动机不是唯一会传染的东西。研究表明，当我们看到别人表达快乐或悲伤（例如通过微笑或皱眉）时，与这些情绪相关的神经网络会在我们的大脑中变得活跃。痛苦也是如此，仅仅是看到感到疼痛的他人，我们神经系统中对疼痛的反应就会被激活。这就解释了为什么我们在看悲情电影时会哭泣，在快乐的朋友中会感到振奋，在目睹某人痛苦时会心痛。用斯坦福大学的心理学家埃玛·塞普帕拉（Emma Seppälä）的话来说，"我们天生就有同理心"。

我们不仅天生具有同理心，且有强有力的证据表明，我们还具有社会传染性很强的情感，这些情感会促使我们采取非常具体的行动。研究表明，如果你的一个朋友是肥胖症患者，你自己变胖的可能性会增加57%。如果你的一个朋友戒了烟，你吸烟的概率会降低36%。这些社会影响仍然强大到令人惊讶的地步，哪怕你们中间隔了一两层社交关系。如果一个朋友的朋友得了肥胖症，你增重的概率也会增加20%。即使一个你几乎没什么交情的熟人开始吸烟，你吸烟的概率也会提高11%。换句话说，**你的社交圈的构成对你的行为有着深远的影响**。你做什么和什么时候做很重要，你和谁一起做也很重要。

在希腊帝国的鼎盛时期，柏拉图曾指出："**一个国家崇尚什么，就会培养什么。**"这个道理同样适用于团队或社会团体。当球队连胜时，更衣室里几乎总能产生一种神奇的化学反应。通常，赢得冠军的不是那些拥有纯粹天赋的球队，而是那些最有能力团结在一起的球队。这个道理在运动场之外同样适用。用商业和管理大师彼得·德鲁克（Peter Drucker）的话来说，"文化能把战略当早餐吃掉"。

表现实践

□ 认识到你周围人的巨大力量。

□ 正能量、动力和干劲都是会传染的。尽你所能去培养支持你的群体，让自己置身于一种努力提升表现的文化氛围中。

□ 要保持积极的态度。你不仅是在帮助自己，也是在帮助你生活中的其他人。

□ 不幸的是，消极和悲观也会传染。不要让自己置身于这样的情绪当中。链条的坚固程度取决于它最薄弱的一环。

虽然我们并不都在团队中工作，但我们周围的人是非常重要的。我们每天与谁打交道，遇到困难时向谁求助，与谁共享工作空间——所有这些都会对我们的感受和表现产生深远的影响。我们如果不断地抵触周围人的思维方式，像某些空军学员一样不进则退只是时间问题罢了。[①] 另一方面，**我们如果让那些支持、激励和挑战我们的人围绕在我们身边，就能达到比独自一人时更高的境界**。奥运会自行车运动员梅根·高尼尔说："建立一个由合适的人和专业支持者组成的团体非常重要，这一点需要一再强调。"

---

① 面对挑战时，冷漠和消极格外危险。一个冷漠或消极的同伴会利用和放大一个人之前可能存在的怀疑。

做好工作本身

杰出表现者有策略地规划着自己的每一天，积极践行着极简主义，以达到效率的最大化。他们确保自己的工作方式符合其时间型，在身边聚集起支持他们的、志同道合的人。但就算每天什么时候做什么都设计得很完美，如果你不努力工作，那也毫无意义。用作家詹姆斯·克利尔（James Clear）的话来说，"在所有努力中，最伟大的一项就是工作本身。不是去做对你来说容易的工作，不是去做让你看起来不错的工作，也不是在受到鼓舞时才去工作。你要做的只是去工作而已"。

杰出表现者并不是一直表现杰出，但他们很擅长坚持。他们每天都会去认真表现。大量的社会科学研究表明，态度往往是由行为决定的。杰出表现者都明白这一点，他们至少要确保在所有的工作日都能认真工作。

作家村上春树在写小说时会精确地规划自己的每一天，并坚持严格的日常习惯。但他会第一个告诉你，坚持日常习惯是为了支持最重要的事情——做好工作本身。他也会第一个告诉你，工作并不容易做。

> 我写小说的时候，早上 4 点起床，工作五六个小时。下午，我会去跑 4 公里或游 1500 米泳（或两者都做），然后我会读一会儿书，听一些音乐。我晚上 9 点睡觉。我每天坚持这些习惯，不做任何变动。重复本身就是一件重要的事，是一种催眠术。我会催眠自己，以达到更深层次的精神状态。但要保持这种重复如此之久——6 个月到 1 年——需要大量的精神和体力。从这个意义上说，写小说就像一种生存训练。体力和艺术敏感度一样重要。

你仔细想想就会发现，我们在这一章中讨论的每件事都有助于你表现出最好的一面。也许世界级表现者的真正秘诀不是他们养成的日常习惯，而是他们能够坚持的习惯。即使在他们不想去做事的时候，他们也会去。你可以称其为动力、激情或勇气，但不管你叫它什么，它一定来自内心深处。不过，有趣的是，这种来自内心深处的力量往往根植于外界的事物上。当事情变得棘手时，杰出表现者不是为了自己，而是为了比自己更伟大的事物去做事的。事实上，他们完全超越了"自我"的概念。这就是我们接下来要讲的内容。

第三部分

目标的力量

忘记自我，提升表现

　　当汤姆·博伊尔从妻子的声音中听到恐慌时，他就知道事情不对劲儿了。"哦，我的天哪！汤姆！汤姆！你看到了吗？"她尖叫着。

　　汤姆和他的妻子刚刚目睹了凯尔·霍尔特拉斯特，一个 18 岁男孩，在亚利桑那州图森郊区的公路上骑自行车时被一辆雪佛兰科迈罗迎面撞上。当博伊尔跑到事故现场时，他注意到汽车的两个前轮翘起，稍微高出地面。还没等他看清是怎么回事，他就听到了尖叫声："救我出去，救我出去！好疼！救我出去！"霍尔特拉斯特还活着，但被压在了汽车下面。

　　博伊尔不假思索地抬起了车的前端。霍尔特拉斯特继续尖叫："再高点儿！再高点儿！"博伊尔继续努力把车抬高。几分钟的时间像几小时那样漫长。博伊尔听到霍尔特拉斯特倒抽了一口气说："好了，抬起来了，但我动不了。我的腿动不了。救我出去。拜托！请救我出去。"不幸的是，博伊尔对此无能为力。他正抬着超过 1600 千克重的滚烫的车。博伊尔一边继续抬着那辆科迈罗，一边喊着撞上霍尔特拉斯特的司机过来帮忙，后者正呆站在路边。博伊尔在接受《亚利桑那每日星报》（*Arizona Daily Star*）采访时说："我对司机大喊大叫了四五次，然后他终于伸手把（霍尔特拉斯特）拖了出来。他一定是受了惊吓，一直没缓过神来。"

　　当霍尔特拉斯特最终被从车底下拖出来时，他的身体状况很糟糕，但他神志清醒，还活着。几分钟后，救护车赶到了，迅速地把他送往附近的医院。到达那里后，经过诊断，他的头部和腿部都受到了严重的伤害。他需要数月时间才能康复，但他活下来了。在这种情况下，这简直是个奇迹。

尽管博伊尔举起的重量是硬拉训练世界纪录的3倍多——一辆超过1600千克的科迈罗——但他并没有进行举重训练、冲击奥运会的打算。第二天，他就回去当油漆店主管了。在某些英雄时刻，博伊尔会变成令人难以置信的绿巨人，但除此之外，他就是个普通人。

这个故事令人难以置信，但其他类似的故事并不罕见。正因为这些令人难以置信的力量出现得如此频繁，科学界认为这些"超人"和"疯狂"的行为确实存在。超人的力量几乎总会在生死关头迸发。克利夫兰医学中心的神经重症监护室主任哈维尔·普罗文西奥（Javier Provencio）表示，在正常情况下，人体机能会在抵达极限前停摆。恐惧、疲劳和疼痛会起到保护作用。这些感觉告诉我们，如果我们继续接受巨大的挑战，很有可能会失败或受伤，所以我们就会停止。但在特殊情况下，比如某人的生命危在旦夕时，我们有能力冲破这些保护机制，不再感到恐惧、疲劳或疼痛。因此，我们可以让自己更接近个人的极限（比如抬起一辆科迈罗）。如果有人让博伊尔在一个普通的周日下午抬一辆科迈罗，他可能会大笑，甚至不会去尝试。即使有人出几千美元请他这么做，博伊尔也做不到。他的思想会使他的身体停止运转。博伊尔之所以能把车举起来，是因为霍尔特拉斯特被压在车下。

但是，如果有办法让我们在自己的生活中控制这种令人难以置信的力量，并能经常借助它来行事，会怎么样呢？密歇根大学公共卫生教授维克多·斯特雷彻（Victor Strecher）表示，这是可行的。斯特雷彻了解这一点的依据不仅仅是他的研究，也包括他自己的生活。他曾经从重压下脱身，所以他有第一手经验。

突破自我的局限

斯特雷彻是密歇根州安阿伯市的一位传奇人物。他是一位备受赞誉的学者，是研究健康行为的专家，也是一位成功的企业家。2008年，他将自己在当地运营的健康技术公司出售给了一家市值数十亿美元的集团。但也许斯特雷彻最出名的一点是他在课堂上的活力和热情。听他讲课就像看一场表演艺术，只不过他不是在演戏。他全身心地投入到教学之中，他的热情是显而易见的。他给演讲大厅带来的活力也是如此。

2010年，当布拉德开始在密歇根大学研究生院读书时，每个人都建议他去上斯特雷彻的课。布拉德之前没有上过斯特雷彻的"健康的行为改变与沟通"课，但这并不重要。布拉德回忆道，他的导师、一位经济学家告诉他，"只要和斯特雷彻一起走进教室，你的大脑中就会出现积极的变化"。不幸的是，当布拉德去报名时，他发现斯特雷彻那学期不会去上课。

2010年春天，斯特雷彻和家人在多米尼加共和国度假。天气很好。他和妻子、女儿以及她们的男朋友们在一起。斯特雷彻深知与所爱之人共度美好时光的重要性，而且他明白这一刻的珍贵。

斯特雷彻有两个女儿。小女儿朱莉娅在14个月时染上了严重的水痘。病毒迅速蔓延，侵入她的心脏，很快导致了心脏衰竭。朱莉娅的健康状况迅速恶化，生命垂危。她需要奇迹，奇迹也确实发生了。1991年的情人节，在北卡罗来纳大学医学中心，朱莉娅接受了心脏移植手术，那是当时仅有的几例小儿心脏移植手术之一。手术成功了。朱莉娅活了下来。

8年过去了，当时9岁的朱莉娅又生病了。虽然斯特雷彻和他的妻子杰里尽量不因每次小惊吓而过度紧张（尽管没有谁会因此责怪他们），但他们感觉到女儿出了某些严重的问题。他们的直觉是正确的。

他们带她去看医生，得到了可能是最坏的消息：她的第二颗心脏也衰竭了。她需要另一个奇迹，另一颗心。对斯特雷彻一家来说，他们又要回到儿科重症监护室，度过许多个不眠之夜。

朱莉娅接受了另一颗心脏，但这次移植手术却伴随着可怕的并发症。斯特雷彻以为他的女儿快要死了。他记得他的妻子，杰里，即使在这个可怕的时刻，还在做最后的奉献。他告诉我们："杰里当时还去为朱莉娅确认了捐献器官的计划。我们真的以为一切都结束了。但是你瞧，朱莉娅又回来了。"斯特雷彻说，当时没人能真正解释清楚，到现在也还是解释不了。这又是一个奇迹。

朱莉娅长成了一位聪明美丽的少女。她在完成护理学校的第一年学业后，和男友随家人一起去多米尼加共度春假。一切都是美好的——直到它不再美好。2010 年 3 月 2 日，朱莉娅的心脏突然停止了跳动。这一次，无论是这颗心脏还是放在她胸腔里的其他心脏都不会再跳动了。19 岁的朱莉娅在精彩的人生尚未到来时便去世了。

朱莉娅的心跳停止让另一颗心破碎了。斯特雷彻躲进一个黑暗的角落，以一种只有失去孩子的父母才能理解的方式承受着煎熬。在第二次心脏移植手术后，斯特雷彻意识到朱莉娅的生命是天赐的好运，于是他竭力让女儿的生活变得充实。他们一起环游世界，在泰国北部骑大象，在落基山脉玩滑翔伞，从 9 米高的巨石上跳进水池。但是这个目标随着朱莉娅的死而消失了。"我根本不在乎怎么活了，"斯特雷彻回忆道，"我失去了方向。"

朱莉娅去世 3 个月后，斯特雷彻独自一人躲到了密歇根州北部一个偏远的小屋里。一天清晨，斯特雷彻梦见了朱莉娅，于是他划着独木舟来到一片湖中央。那时刚刚 5 点，太阳正在升起，除了小船泛起的小波浪外，斯特雷彻四周只有平静的湖水。"我开始哭，然后仿佛感觉朱莉娅来到我的身边。"他回忆道，"她说：'你必须向前看，爸爸。'"

斯特雷彻后来发现，这一天正是父亲节。

在那一刻，斯特雷彻意识到他是多么空虚。他告诉我们，朱莉娅在和他说话，让他意识到，他不能再像这样生活下去——浑浑噩噩、漫无目的。他需要重新确立自己的目标。后来，他顿悟了。他想，也许当他重新找到自己的目标后，他就可以帮助别人找到他们的目标了。他强烈地感到朱莉娅希望他能这样做。

斯特雷彻牢牢记住了女儿的话，不再浪费时间。他把大部分研究工作转移到理解目标的力量上。他也重新开始给学生上课了。你可以想象，这并不容易。"我在每个学生脸上都看到了朱莉娅。"他说。随着时间的流逝，斯特雷彻致力于在生活中发展新的目标，其中之一便是"把每一个学生当成自己的女儿来教"。

然后，神奇的事情发生了。斯特雷彻开始感觉好一些了。他仍然会痛苦，但他已经从黑暗的角落走了出来。他的进步并不是立竿见影的，但每天醒来后，他都会感觉比前一天好一些。他开始重新享受生活。有趣的是，他的研究有助于解释他正在经历的转变。

斯特雷彻发现，纵观历史，当人们专注于一个自我超越的目标，或者说一个比他们自身更宏观的目标时，他们会发挥出比他们想象中更大的能力。斯特雷彻认为，这是因为当我们深入关注自己以外的事情时，我们的自我存在感会被最小化。自我的一个主要作用就是保护我们。当我们面临威胁时，是我们的自我意识告诉我们要停下来，要逃走。然而，**当我们超越并最小化我们的自我后，我们就能克服恐惧、焦虑和常常阻碍我们取得重大突破的生理上的保护机制。这时，新的可能性便出现了。**

斯特雷彻专注帮助他人，把学生当成自己的女儿来教，从而抚平了失去朱莉娅的痛苦。博伊尔专注努力挽救凯尔·霍尔特拉斯特的生命，因此成功举起了一辆超过 1600 千克的汽车。虽然这些故事乍看之下可能不同，但它们都表现了个体通过自我超越来克服痛苦、恐惧和疲劳，从而完成看似不可能之事的情况。

为了更全面地了解这种现象是如何发生的，我们有必要研究一个乍看之下仿佛与之无关的领域：运动科学。

仅发生在大脑中的疲劳

20世纪90年代初，在南非开普敦大学（University of Cape Town）的一个生理学实验室里，一位名叫蒂姆·诺克斯（Tim Noakes）的运动科学家揭示了一种解释疲劳的全新方式。在那之前的普遍观点认为，疲劳只是一种身体上的现象。在具备一定强度或持续性的体力活动中，我们对肌肉的要求变得过大，最终导致了肌肉衰竭。问一问从马拉松到举重的任何一个项目的运动员，他们都会熟悉这种感觉。这种感觉不太舒服。一开始是一种可控的灼烧感，然后变得越来越严重，直到他们再也无法忍受。于是，跑者的脚步慢了下来，只能拖着脚跑；举重运动员无法再举起杠铃，尽管他们尽了最大的努力，但他们的能量已经耗尽，肌肉也停止了收缩。

然而，诺克斯并不相信人体会产生疲劳，也不相信肌肉真的会缺氧。他感到疑惑的是，为什么如此多的运动员在看似疲惫不堪的情况下却能在比赛即将结束时突然冲刺。诺克斯认为，如果这些肌肉真的衰竭了，那么这些终点线前的冲刺是不可能做到的。为了证明自己的观点，诺克斯在运动员身上安装了电子传感器，然后让他们用腿举重，直到再也举不动为止。（在运动科学中，这一过程被称为"诱发肌肉衰竭"。）当重量猛地压下，每个受试者都感到筋疲力尽，报告说他们无法再收缩肌肉时，诺克斯就会让电流通过传感器。让每个人（尤其是那些说自己的腿已经失去力量的受试者）都大吃一惊的是，他们的肌肉依然可以收缩。虽然受试者无法自主收缩肌肉，但诺克斯证明，他们的肌肉实际上在进行更多的活动。受试者感到筋疲力尽，但实验表明，他们的肌肉并没有。

　　诺克斯重复了类似的实验，观察到了同样的结果。虽然受试者报告说，他们在锻炼后感到完全筋疲力尽，无法收缩肌肉，因此将锻炼视为失败，但当实验人员使用电流对他们的肌肉进行刺激时，毫无疑问，这些肌肉产生了额外的力量。这让诺克斯得出了与普遍看法相反的结论：疲劳并非发生在身体上，而是发生在大脑中。并不是我们的肌肉疲劳了，而是我们的大脑在它们尚有余力的时候停止了它们的机能。诺克斯推测，这是一种与生俱来的自保机制。从生理学上讲，我们可以把我们的身体推向真正的失败。但在我们真正伤害到自己之前，我们的大脑就会产生一种失败感。诺克斯表示，大脑是疲劳的"中央调节器"。当我们面对恐惧和威胁时，是我们的"自我"停止了我们的机能。换句话说，当形势变得艰难时，我们会本能地撤退。正如博伊尔和斯特雷彻证明的那样，我们可以停止中央调节器的运行。

叫停中央调节器

　　阿巴拉契亚山道从佐治亚州的施普林格山绵延到缅因州的卡塔丁山，全长 3500 千米。大多数人需要 5～7 个月的时间才能徒步走完。但在 2011 年，一位名叫詹妮弗·法尔·戴维斯（Jennifer Pharr Davis）的年轻女子试图打破纪录，希望在 50 天内完成这次徒步旅行。

　　不幸的是，在这次试图打破纪录的徒步旅行的第 12 天，离终点还有 2655 千米时，法尔·戴维斯筋疲力尽，准备放弃。也许对她来说，过去 4 天里，最糟糕的两件事——外胫夹疼痛和腹泻——一起发生，已经对她的身体造成了严重的破坏。消极的想法和恐惧正在侵蚀她的头脑。"真是雪上加霜，"法尔·戴维斯告诉我们，"我已经跟不上节奏了，我想：我不可能破纪录的。我放弃了。"她走到通往新罕布什尔路的一个十字路口，去与支持她这次徒步旅行的丈夫布鲁见面。半途而废让她在感到难过的同时松了一口气。

法尔·戴维斯是在 7 年前 21 岁的时候开始练习徒步旅行的。大学毕业后，她突然意识到自己接受的一切教育都太按部就班了。她对大自然所知甚少，感到自己的经历中缺少了一些重要的东西。虽然她不知道为什么，但她就是渴望接触大自然。

因此，在 2005 年大学毕业时，法尔·戴维斯第一次踏上了阿巴拉契亚山道。这次经历教给她的远不止最基本的徒步旅行技巧。"我遇到了很棒的同伴，感受到了难以形容的敬畏之心，"她说，"我学会了优先考虑人和经历，而不是物质方面的东西。"

但也许最重要的是，她以一种发自肺腑的方式与大自然相连。"我发现自然与我并不是分离的，而我可以成为自然的一部分，与自然一起流动。"法尔·戴维斯表示，在旅途中，她感觉自己与上帝最亲近。"我意识到也许我的才能就是在荒野中快速行进。作为一名基督徒，我觉得有义务利用好这份才能。"

于是她真的开始利用这项才能。她成了一个狂热的徒步旅行者，把越来越多的时间花在大自然中。几年后，也就是 2008 年，在丈夫的支持下（不管是在赛道上还是赛道外），法尔·戴维斯接受了更多的训练，以 57 天时间完成了全程。这是女性运动员用时最短的纪录。那时，徒步旅行已经成为她生活中不可分割的一部分。她开始想：也许我能打破总纪录。

该项目的总纪录为 47 天半，由一组擅长高耐力项目的男性运动员保持。尽管对法尔·戴维斯来说，打破总纪录就像一个女性选手在波士顿马拉松赛上击败所有的职业男性选手一样艰难，但她有着不可动摇的自信和来自丈夫的支持。他们全身心地投入其中，把生命中接下来的三年时间都投入了训练和准备中。

时间快进到 2011 年 6 月 28 日，当法尔·戴维斯在新罕布什尔的路上看到布鲁时，她同时失去了动力和打破总纪录的机会。她说："我终于见到了布鲁，并告诉他我要放弃了，但他不同意。"

支持这次破纪录尝试的布鲁提醒她，为了她，他同样付出了太多，这次努力是属于这个团队的。直到那时，看着丈夫的眼睛，她才意识到一件至关重要的事情。"在那之前，一切都是关于我和纪录的，"她说，"我是纪录的奴隶，我满脑子都是纪录。"然而，就在那一刻，法尔·戴维斯得到了一个改变一切的启示。

> 我完全从纪录中解脱了。我开始徒步旅行，是出于更伟大的信仰。我想以我的上帝为荣，想回到最初让我迷上远足的原因——对荒野的爱，对我丈夫的爱，以及对才能的发挥。我记得当我融入自然、在山道上行走的时候，当我感受到对丈夫的爱的时候，当我享受我的才能带来的快乐的时候，我站得离上帝最近。突然之间，这次远足不再是关于纪录的，也不再是关于我的。整件事变成了对比我更伟大的存在的崇拜。

尽管她的身体在整场徒步旅行中时好时坏，法尔·戴维斯心理上的痛苦在这次心理重建后消失了。一旦她不再关注小我，而是专注超越自身存在的信念，她很快就从她所处的深渊中爬了出来。她感到焕然一新，精神焕发，精力充沛。她告诉我们，她的疲劳减轻了，在面对恐惧时她变得更自在了。她全身心地爱着她的丈夫和大自然，坚守着她的信仰。

34 天后，持续每天在崎岖不平的山道上行走 75 千米后，法尔·戴维斯完成了不可能完成的任务。她以提前 26 小时的成绩打破了总纪录，这一壮举为她赢得了《国家地理》杂志评选的"年度冒险家"称号。①

---

① 2016 年春天，一位名叫卡尔·梅尔泽（Karl Meltzer）的高耐力运动员创造了 45 天 22 小时的新纪录。有趣的是，当布拉德为《跑者世界》（*Runner's World*）杂志采访梅尔泽时，梅尔泽表示，每当他发现自己陷入困境时，他都会对那些支持他的人表示感谢，然后马上就会感觉好很多。梅尔泽越少考虑自己，他的表现就越好。

　　当我们把法尔·戴维斯的故事分享给在密歇根大学研究目标的斯特雷彻时，他回复了一封异常简短的邮件："哇。"他后来告诉我们，法尔·戴维斯在阿巴拉契亚山道上的经历是弱化自我的一个意义深远的例子。他解释说，她利用了目标的力量来克服恐惧和疑虑，并向我们展示了一种新的脑科学，帮助我们了解可能在她的大脑中发生的事。

　　在最近发表于《美国国家科学院院刊》（*Proceedings of the National Academy of Sciences*）上的一项研究中，包括斯特雷彻在内的研究人员使用功能性磁共振成像扫描来检查当人们看到具有威胁性的信息时，他们的大脑内部发生了什么。那些在收到威胁性信息之前被要求深刻反思自己主要价值观的人，其大脑中与积极评价相关的部分的神经活动增强了。换句话说，他们潜在的神经系统变得更容易接受挑战了。他们控制了自己的中央调节器。在面临威胁时，他们的大脑并没有让身体机能停止，而是将他们推向挑战。更重要的是，这些影响不仅仅局限于实验室。那些反思自己主要价值观的人实际上比对照组更能克服生活中的威胁和恐惧。

　　法尔·戴维斯在阿巴拉契亚山道上取得的成就是非凡的。毫无疑问，做到这一点需要天赋，至少部分原因在于基因，但她在心理调节方面的表现同样引人注目。她的经历同样适用于我们所有人。**通过关注自身以外的事物，反思我们的主要价值观，我们都能更勇敢地面对挑战，提高我们的表现水平。**

　　超越自我的目标能提高的不仅仅是我们的体能表现。在对多个行业的 20 多万名员工（非运动员）进行的一项元分析中，研究人员发现，相信自己的工作对他人有积极影响与更好的表现存在相关性。其他研究表明，目标能减少倦怠，甚至有助于我们坚持具有挑战性的健康行为，如节食或戒烟。这些都很好理解。在感到恐惧或无法抗拒的情况下，我们的大脑——中央调节器，也就是"自我"——会自动尝试保护我们不受失败的伤害。它让我们的技能停摆，让我们转向另一个方向。即使失败并不意味着身体上受到伤害，我们的自我也不喜欢情感上受到的伤害——它不想冒尴尬的风险，所以会引导我们走上安全的道路。只有当我们超越了自我，我们才能突破自我强加的限制。

矛盾的是，我们越少考虑自己，才会变得越好。

表现实践

□ 我们的"自我"或"中央调节器"是一种保护机制，会阻止我们达到真正的极限。

□ 当我们面对巨大的挑战时，我们的自我会在生理上让我们失去应对能力，并使我们转向另一个方向。

□ 专注一个超越自我的目标，或者找到做一些超越自我的事情的理由，我们就能突破自我强加的限制。

□ 尽你所能，将你的活动与一个更宏大的目标联系起来（更多关于如何做到这一点的信息，参见第九章）。你如果遇到了看似不可战胜的困难，想要退缩，可以问问自己有什么非做不可的理由。如果答案是"为了比我更宏大的人或事"，你就更有可能继续前进。

□ 少考虑你的自我，是提升表现最好的方法之一。

目标与动力

一个超越自我的目标不仅能让我们克服极大的恐惧，突破我们的极限，还能让我们在不需要多么英勇的日常活动中表现得更好。在一项研究中，宾夕法尼亚大学沃顿商学院（Wharton School at the

University of Pennsylvania）的研究人员发现，当清洁便盆和拖地的医院清洁工的工作被认为是治愈病人的过程中不可或缺的一部分时，他们的表现更好，满意度也更高。清洁工们不断被提醒说，保持医院清洁就是在最大限度地减少细菌传播的机会，同时也是在保护那些脆弱易感的病人。于是，他们不再认为自己的工作只是清理地板上的呕吐物，他们认为自己是在拯救生命。一些医院甚至取消了"清洁工"和"保管员"的职位称法，而代之以"健康与安全小组成员"或"环境健康工作者"等头衔。

另一项对通过电话向校友们请求募捐的大学生的研究显示，在接受一名刚毕业的学生向他们表达的感激之情后，他们的工作效果会更好。然而，并不是随便哪个普通的毕业生都可以，向他们表达感激的学生必须是靠校友们捐助的奖学金完成学业的。在接受感谢后的一个月，这些大学生筹集的资金增长了171%。

这些只是众多例子中的两个。它们展示了将工作与更大的目标联系起来的行为如何能够提高日常表现，即使这些任务很平凡。问问你自己：**如果你知道这样做会对他人或更宏大的事业有益，你是否更有可能全力以赴？对我们询问的几乎每一位杰出的表现者来说，答案都是热情的"是"。**

为了进一步了解为什么会出现这种情况，就像我们之前研究目标如何帮助我们克服恐惧一样，我们决定再次打破学科界限，转向科学研究。

萨穆埃莱·马尔科拉（Samuele Marcora）是英国肯特大学（University of Kent）体育与运动科学学院的科研主任。和诺克斯一样，马尔科拉认为疲劳既有生理因素，也有心理因素。但与诺克斯不同的是，马尔科拉认为，疲劳机制不仅仅是一个保护性的中央调节器，实际上复杂得多。他认为，我们经常把对做一项活动所需的努力的感知与我们做那件事的动机联系起来考虑（例如评判某件事有多难做）。当我们感知到的努力超过了动力时，我们就会放慢或放松下来，直到两者达到平衡。因此，我们越有动力，就越愿意忍受付出更多努力的艰辛。根据马尔科拉的观点，运动员可以通过两种方式来提高自己的表现：减少对努力的感知（比如通过努力训练，让自己感到 5 分钟跑 1 英里变得更容易了），或者增强动力。

当涉及增强动力时，大量研究表明，为他人做事比传统的动机（如金钱或声誉）更有效。也许这就是运动员在经历了难以置信的、破纪录的、必须通过忍受巨大痛苦和折磨才能达成的表现之后从来不会表示自己想过当冠军的感觉有多棒或者会获得多少奖金的原因。相反，在冲过终点线后，他们几乎总是报告说，当疼痛袭来时，他们开始想到的是家人、上帝或患了癌症的朋友。他们能够忍受疼痛；当他们的身体发出"轻点儿"的尖叫时，他们之所以能坚持"再重点儿"，是因为他们被一种超越自我的目标所激励。

我们最喜欢的一个例子来自阿什顿·伊顿（Ashton Eaton），他是两届奥运会的十项全能冠军，被一些人誉为有史以来最伟大的运动员。伊顿如果要打破 2015 年世锦赛的世界纪录，需要在 1500 米决赛中跑进 4 分 18 秒。这本身就是一项重大的挑战。但伊顿此前已经完成了其他 9 个项目，几乎已经锁定了金牌。换句话说，他就算筋疲力尽、全力以赴也没什么好处，因为他要打破的纪录是他自己几年前创造的。

尽管如此，伊顿还是决定去尝试一下。你可能会问为什么。伊顿告诉媒体，当疼痛袭来时，"我只是在想，这太难受了，我要放弃"。不过，当记者继续询问时，伊顿说："但我想，我小时候坐在沙发上，看着迈克尔·约翰逊（Michael Johnson）或卡尔·刘易斯（Carl Lewis）这样的人在场上的身影，他们就是我今天能站在这里的原因。我想也许现在也会有一个孩子坐在沙发上，如果我打破了这个世界纪录，他可能会受到激励，定下自己的目标。"伊顿以 4 分 17 秒的成绩跑完了 1500 米。

另一个例子是梅布·凯夫莱齐吉，2014 年，他成为 30 多年来首位获得波士顿马拉松比赛冠军的美国人。他历史性的胜利有些特别，因为它发生在 2013 年可怕的恐怖袭击（即波士顿马拉松爆炸案）后的那一年。凯夫莱齐吉认为，他令人难以置信的表现要归功于他为前一年的恐怖袭击遇难者奔走时所感受到的鼓舞。他甚至把他们的名字写在他的比赛衫上。他不仅代表着前一年袭击事件的受害者，还代表着比赛中最优秀的美国人，他是带着更大的目标和动力参赛的。"比赛快结束的时候，我在缅怀那些逝去的受害者，"他说，"他们帮我渡过了难关。"

虽然马尔科拉的研究、伊顿以及凯夫莱齐吉的例子都属于运动领域，但很容易看出，这个理论也适用于其他领域。前文介绍过，通过将自己的工作与一个更大的目标联系起来，医院里的清洁工和给校友打电话募捐的学生的积极性得到了大幅提高。因此，他们能够在工作中付出更大的努力，不管这意味着更辛苦地打扫还是更投入地给更多校友打电话。最终，他们表现得更好了。

目标促进动力，动力会让我们有能力承受加倍努力带来的痛苦，而这通常会带来更好的表现。这一系列连锁反应适用于从赛场到职场的每一个领域。我们会看到，甚至在艺术家的工作室里也是如此。

埃米尔·阿尔萨莫拉很有艺术天赋。他的母亲和祖母都是成功的艺术家。他在秘鲁利马长大，家里人开的陶瓷工作室就在家附近。他在学会走路之前就开始画画了。"艺术无处不在，"他回忆道，"我完全沉浸其中。"他从来不是在家庭压力下去追求艺术的，而是自然而然地被艺术吸引。最后他来到美国，进入佛罗里达州立大学美术学院，以优异的成绩毕业。唯一的问题是，他接受的教育偏重于艺术理论和艺术史方面，而他对雕塑这一他最感兴趣的艺术形式知之甚少。

为了获得他需要的真实体验，他搬到了纽约，开始在一家名叫 Polich Tallix 的国际知名的铸造厂工作。在那里，他和世界顶尖的一些雕塑家一起工作。"这需要很大的毅力，"他解释道，"但我第一次明白了做雕塑家意味着什么。"阿尔萨莫拉的学习能力很强，他很快就在艺术界崭露头角。没过多久，他的作品就开始在世界各地展出，被摆放在联合国大楼、百事公司全球总部和皇后区艺术博物馆等处。他还获得了包括著名的《纽约时报》艺术版在内的许多媒体的好评。虽然欢呼和赞美令人高兴，但对阿尔萨莫拉来说，赞美之后的工作更伟大。"我感觉自己像个耐力运动员，"阿尔萨莫拉告诉我们，"我对雕塑的追求是一种身体上的折磨，一场对抗疲劳的持久战。"

然而，当阿尔萨莫拉考虑到他对家庭的责任时，身体上的需求就变成次要的了。以艺术为职业的尝试是有风险的。艺术家没有职业方面的保险，也没有任何保障，他们的事业受到画廊老板、评论家和心血来潮的收藏家的影响，生活中的大起大落很常见。尽管在经历多年的努力、冒险并迟迟拿不到回报后，艺术家们终于有机会登上艺术世界的巅峰，但就算已经登顶，这场艰苦的战斗仍远未结束。正如我们在本书的前言中提到的，焦虑甚至抑郁在艺术家中非常普遍，阿尔萨莫拉向我们承认了他的焦虑。但他告诉我们，他早上醒来时，"通过艺术促进成长与正能量的使命感战胜了焦虑"。

"与艺术世界中所有非艺术的部分打交道是一场真正的斗争，"阿尔萨莫拉说，"这是一个充斥着钩心斗角和背后中伤的恶劣环境。"他接着告诉我们，这个行业的商业气息经常让他感到气馁和疲惫：需要"推销"的不仅有他的作品，还有他自己。"如果让我自己决定一天的日程，我会起床、吃早餐，然后花一整天创作，每天如此。不幸的是，我再也不能这样做了。"

阿尔萨莫拉是个现实主义者，他明白他需要养家糊口，但这并没有让他更容易忍受与艺术无关的一切。随着他的名气越来越大，所有这些都变得更加耗时费力。他告诉我们，当他忍耐到极限的时候——在想要彻底退出的边缘——他想到的不是潜在的经济回报，也不是他的下一部伟大作品将获得的赞誉。他说："当我真的很绝望时，我会提醒自己回想一下当初为什么要从事艺术行业。我创造艺术品是为了让人们微笑、哭泣、与他人和大地进行沟通。我希望为更伟大的事业献出微薄之力，这让我觉得忍受艺术以外的所有垃圾都是值得的。"

目标与勇气

宾夕法尼亚大学的心理学家安吉拉·达克沃斯（Angela Duckworth）可能会说，阿尔萨莫拉是一位特别"坚毅"的艺术家。达克沃斯凭借对勇气的研究获得了"麦克阿瑟天才奖"，她的研究方向是如何保持对长期目标的兴趣和努力。达克沃斯表示，坚韧不拔是"每个领域内高成就者的标志"。坚韧不拔的人会坚持下去，在别人放弃的时候也会坚持。

达克沃斯发现，勇气并不是与生俱来的。相反，它可以通过长时间培养得来。虽然培养勇气没有单一的方法，但这种品质往往伴随着强烈的使命感。特别是**当事情变得艰难时，坚韧不拔的人会从更伟大的事业中获得灵感和坚持**。达克沃斯和她的同事在 2014 年的一篇论文中写道："当人们认为令人痛苦的体验具有超越自我的积极结果时，这种体验可能会变得更容易忍受。"目标的力量再次显现，这一次它表现为勇气背后的动力。

也许勇气最极端的例子可以在大屠杀幸存者身上看到。即使在经历了饥饿和折磨，看着亲人被送进毒气室之后，幸存者仍在挣扎求生。大屠杀的恐怖对我们这些没有经历过的人来说是不可想象的，不过精神病学家和大屠杀幸存者维克多·弗兰克尔（Viktor Frankl）讲述过他和其他人是如何生存下来的。在《活出生命的意义》（*Man's Search for Meaning*）中，弗兰克尔写道："一个人如果意识到他对一个热切地等待他的人或一项未完成的工作负有责任，他永远都不会放弃自己的生命。"

当然，这是最极端的例子，我们绝不是将在办公室或健身房里忍受痛苦等同于在大屠杀中幸存。但我们之所以在此处囊括了弗兰克尔的例子，是因为它以一种相当深刻和极端的方式证明了一个人可以被超越自我的目标激励，从而变得能够忍受最艰难、最可怕的际遇。

表现实践

□　我们不断地平衡对努力（或者做某事有多难）的感知以及动力。

□　我们如果想要忍受付出更大的努力带来的痛苦，可能需要增强我们的动力，这往往可以导致更好的结果。

□　增强动力的最佳方法是把我们的工作与更宏大的目标或事业联系起来。

□　专注帮助他人不仅会让世界变得更美好，也会让你成为更好的表现者。

□　在我们感到疲惫不堪的时候，我们更应该想想自己为什么要做手头的事情。

通过回馈获得能量

倦怠往往会在最关键的时候出现。如果你是一名运动员，你可能正处在或正在走向你人生的最佳状态。如果你是一名商界人士，也许你刚刚因为拼命工作得以升职。如果你是一个艺术家，也许你已经快要完成你的杰作了。然后突然间，你不想继续了。你失去了动力、激情和兴趣。你陷入了倦怠。

倦怠与我们的"战或逃"压力反应密切相关。长时间处于过大的压力下时，我们的"逃跑系统"便开始启动，促使我们逃离压力的任何导火索。倦怠在那些过于逼迫自己做出更好表现的人身上很常见。这是因为想获得持续的成长和进步，我们需要在几天、几周、几个月、几年的时间里不断给自己增加压力。正如我们在本书第一章中讨论的，压力和休息交替进行有助于防止疲劳。即便如此，当我们把压力推到接近极限的时候（记住，这就是我们的目标），我们还是会冒着压力大到越过一条警戒线的风险。当这种情况发生时，我们就会开始感到倦怠。

针对倦怠的传统观点建议我们从工作中抽离一段时间，充分休息，无论我们做的是什么工作。这种方法有时是有效的，但我们通常无法做出这样的选择。一个有希望参加奥运会的运动员不可能在一项资格赛 6 个月前停止训练，大多数人也不可能 3 个月不工作，更不用说，完全从任何导致倦怠的工作中抽身后，我们会永久性地失去很多人脉。

好消息是，行为科学为应对倦怠提供了另一种方法，它不需要你长时间休息，而且有可能切实增强你的动力和动机。我们将其称为"通过回馈获得能量"，它以加州大学洛杉矶分校的心理学教授谢莉·泰勒（Shelley Taylor）和宾夕法尼亚大学沃顿商学院的亚当·格兰特（Adam Grant）的研究为基础。"通过回馈获得能量"的基本前提是，当你陷入倦怠的时候，你可能需要更靠近工作一些，只不过是以一种不同的方式。

这种不同的方式是"回馈"你所在的领域。这种回馈有多种形式，包括志愿服务和指导活动，但最基本的要点是专注于帮助他人。帮助他人的行为会激活你大脑中的奖赏和快乐中枢，不仅能让你感觉更好，还能帮助你将积极的情绪与你追求的目标重新联系起来。出于这些原因，回馈行为往往会带来新的活力和动力。在《纽约时报》畅销书《沃顿商学院最受欢迎的思维课》中，格兰特引用了从教学到护理的各个领域的研究，表明了**回馈是消除倦怠的有效方法**。

但是，教学和护理本身不就是帮助他人的行为吗？理论上说，是的，这就是为什么这些领域会吸引那些天然热爱给予的人。但是，任何教师或护士都会告诉你，在日复一日的枯燥工作中，他们很容易变得忽视学生或病人的感受，而感觉自己只是低效机器上的一个小齿轮。这就是为什么给教师和护士提供能产生直观效果的、直接帮助他人的机会，已被证明可以减轻倦怠感。格兰特写道，拥有一种"对持久的影响力的感受可以帮助人们减少压力、防止疲惫"，他还鼓励从事高压力工作的人积极寻找机会，以亲密的方式进行回馈。

我们可以继续介绍格兰特关于回馈力量的引人注目的研究，但他的个人故事同样很有说服力。早在进入畅销书作家和美国最优秀教授的行列前，格兰特是一名出色的跳水运动员，在进入哈佛大学之前曾两次获得全美高中冠军。

在我们关于回馈的讨论中，格兰特回顾了他高中最后一年的生活，当时他陷入了严重的倦怠状态。"那时候，"他告诉我们，"跳水就是我的生活。在大三和大四之间的那个夏天，我每天练习9个小时，甚至在脚底贴了一层胶带，作为第二层皮肤来防止因为整天在跳水板上摩擦而起水泡。"格兰特的训练效果比预期中还要好，他进入了完美的状态，准备参加大四时最重要的比赛。那时他的状态是一生中最好的。他告诉我们，他"已经准备好迎接巅峰状态"。然后，格兰特休息了一天。4年的努力和训练本应达到巅峰，结果却变成了一场彻底的灾难。他跳得很糟，输给了一群他以前轻松击败的运动员。"我的生活变得暗无天日，"格兰特说，"我很沮丧，再也不想碰跳板了。"

在格兰特看来，他对这项运动已经厌倦了，他再也不想在大学里练跳水了。但跳水界的其他人士不忍心看到他的职业生涯以这种方式结束，尤其是在他的黄金时代还没有到来的时候。在经历了无数艰难的说教之后，格兰特的导师们最终说服他回到了游泳池，不是作为一名运动员，而是作为年轻跳水运动员的教练。"做教练让我完全恢复了活力，"格兰特说，"和其他跳水运动员一起工作，看着他们逐渐进步，我感到非常开心。这让我想起了跳水这项运动中我最爱的一点——我在这项运动中获得了很多个人成长方面的体验。"在成为教练后不久，格兰特又回到了跳板上。此后，他的大学跳水生涯步入了成功阶段。

格兰特的故事让我们中的一个人格外有感触。你之前读到，史蒂夫曾经在跑步生涯中陷入倦怠的泥淖。有一段时间，他不想与这项运动产生任何关系，尽管在生命的前 22 年里他曾为这项运动付出了那么多。然而，让史蒂夫重回跑步界的并不是长时间的休息或运动心理学，而是去做一名教练。史蒂夫早在成为奥运选手们的教练之前，就开始训练高中运动员了。

就像格兰特训练跳水运动员一样，史蒂夫在志愿辅助训练一支由缺乏指导的青少年运动员组成的低水平队伍时找到了成就感。那时候，史蒂夫很伤心，因为他无法在 4 分钟内跑完 1 英里。但当他看到他指导的孩子们因为在 6 分钟内跑完 1 英里而激动不已时，他忍不住笑了。这样的时刻让史蒂夫想起了这项运动的真谛：公平竞争，以及努力提高自己。通过将注意力从努力成为美国最好的跑步运动员转移到帮助他人上，史蒂夫慢慢稳步恢复了他对这项运动的热爱。

表现实践

　　□　在工作中寻找回馈的机会。可以进行强度较高的活动，如指导和辅导他人，也可以进行强度较低的活动，如在网上发布真诚的建议。

　　□　回馈行为的唯一标准是，你的回馈与你的工作内容紧密相连，而且你不指望得到任何回报。

　　□　虽然回馈对预防和扭转倦怠特别有效，你仍然应该通过适当的休息来对抗压力，避免倦怠情况出现。

超越带来实现

有些人可能拥有超越自我的目标，有些人则没有。一个人想要凭空想象出一个超越自我的目标似乎是徒劳的。这种目标不是凭空出现的，它来自你的内心，你只需要找到它。密歇根大学教授斯特雷彻创造了一种工具，可以帮助个人根据自己的主要价值观制定超越自我的目标。我们按照斯特雷彻提供的步骤，得出了我们写这本书的目标：

帮助人们发现如何以健康和可持续的方式最大限度地发挥自己的潜能，并防止日后产生倦怠、不满和不快乐的感觉。

我们在写这本书的整个过程中反复提起这个目标，并经常对它进行反思，尤其是在我们感到气馁、害怕或筋疲力尽的时候。

在下一章中，我们将带你发展超越自我的目标（如果你已经有了这样的目标，可以对其进行强化），并推荐一些你能掌控的优秀工具。但首先，为了重申目标的力量，我们以大屠杀幸存者和精神病学家维克多·弗兰克尔的话作为结尾。

通过宣称人是负责任的，必须实现其生命的潜在意义，我希望强调的是，生命的真正意义是在世界范围内而不是个体的心灵中发现的。生命的意义并非存在于一个封闭的系统中。我把这一本质特征称为"人类存在的自我超越"。它表明了这样一个事实：作为一个人，我们总是会被导向某物或某人，而不是我们自己——无论是为了实现某些目标，还是与另一个人相遇。一个人越能忘记自我——通过把自己奉献给一项事业或是去爱另一个人——就越有人情味，越能实现自己的追求。所谓的自我实现根本不是一个可以实现的目标，原因很简单，一个人越努力进行自我实现，就越无法实现这一目标。换句话说，自我实现只是自我超越的一个附属产物。

开发你的目标

在这一章中，你将学会开发你的目标。[①] 如果你已经有了自己的目标，不妨把这当作一次调整和强化的机会。在明确自己的目标之后，你会学到一些简单的方法，把它融入你的生活，确保你和它保持一致，利用它来提高你的工作效率。但在开始之前，我们有必要澄清一些常见的误解。

■ 你不需要有宗教信仰，甚至不需要有精神寄托，就可以拥有自己的目标。

■ 目标不是某种神秘兮兮的努力。你会发现，创造目标的过程是建立在理性思考基础上的。

■ 有多个目标也是可以的。例如，在前一章中，我们与你分享了我们写这本书的目标，但我们也有其他的目标，适用于我们生活中的其他领域。

■ 只有一个目标也没关系。有些人拥有一个贯穿他们一切活动的目标。例如：

∨ 每天尽可能做一个最好的人，为的是服务于上帝。

∨ 为所做的每件事带去正能量，并与每一个和自己互动的人分

① 这部分灵感来自维克多·斯特雷彻最先开发的一款名叫"关于目标"的移动应用程序。我们感谢斯特雷彻，他不仅帮助我们找到了我们的目标，而且还允许我们使用他的程序来帮助你找到你的目标。有关斯特雷彻方法的更多信息，请访问 www.JoolHealth.com。

享正能量。

✓ （在每次行动之前）停下来思考一下自己的行为将如何影响他人。

■ 没有人会阻止你制定以自我为中心的目标。但正如你在前一章中读到的，超越自我的目标不仅会使世界变得更美好，而且能提升你的表现。所以，我们虽然不做硬性要求，但会鼓励你找到方法把你的强项应用到比你自身更宏大的事情上。

■ 你的目标会随着时间改变。事实上，它也应该如此。也许生命中唯一不变的就是变化本身。你可以随时重新审视目标形成的过程。

为你的目标起草一份初稿大概需要 15～20 分钟，我们建议你一口气写完。虽然我们强烈建议每个人都体验一下这个过程，但如果你确定你的目标已经很成熟，你可以跳到第 169 页，在那里我们将讨论利用它提高表现的最佳方式。

选择你的主要价值观

主要价值观是你的基本信念和指导原则。对你来说，它们是最重要的东西，将决定你的行为。从以下列表中选出不超过五项核心价值。这个列表并不全面，所以你如果想到了一些列表里没有的内容，也可以把它们加入你的核心价值中。

■ 成就	■ 忠诚
■ 承诺	■ 动力
■ 社会性	■ 乐观
■ 一致性	■ 积极
■ 勇气	■ 实用主义

- 创造性
- 教育
- 效率
- 乐趣
- 热情
- 专业
- 诚实
- 独立
- 灵感
- 善良

- 人际关系
- 责任感
- 安全感
- 自我控制
- 精神寄托
- 传统
- 可靠性
- 声誉
- 生命力

例如，在制定写这本书的目标时，我们选择了以下主要价值观：

- 社会性
- 创造性
- 乐趣
- 专业
- 人际关系

将你的主要价值观个性化

对于你选择的每一个核心价值，写一两句话来对它进行"量体裁衣"，使它对你的情况更有针对性。

以下是我们如何让支持我们写这本书的主要价值观更有针对性的：

- 社会性：帮助读者更有效地发挥自己的才能，并享受这样做的过程。
- 创造性：以一种有意义和深刻的方式将来自不同领域的不同

想法统一起来。

■ 乐趣：要开心！我们喜欢学习，我们喜欢交流带来的挑战，所以我们应该牢记这一点并享受写作的过程！这样一来，我们才可能做得更好。

■ 专业：在我们都感兴趣的领域——健康和人类表现——中获得知识。把我们学到的知识应用到我们的生活中，并与读者分享这些知识，这样他们也能把这些知识应用到他们的生活中。

■ 人际关系：利用这个机会发展人际关系——与有趣的人交往。在这本书完成后，我们还可以继续与他们互动，向他们学习。

给你的主要价值观排序

最难的部分来了。既然你已经个性化了自己的主要价值观，接下来你需要给它们排序。第一个是最根深蒂固的，也是最重要的，例如，我们的排序是这样的：

1. 创造性
2. 社会性
3. 人际关系
4. 专业
5. 乐趣

写下你的目标宣言

恭喜你，你已经选择并分析过自己的主要价值观。现在你已经准备好写下你的目标宣言了。你的目标宣言应该反映你自定义的主要价值观，可以是一到三句话。下面是几个例子：

- 帮助人们发现如何以健康和可持续的方式最大限度地发挥自己的潜能，并防止日后产生倦怠、不满和不快乐的感觉。
- 随时准备在他人需要我的时候提供帮助——因为当我需要他们的时候，他们给了我很多帮助和爱。
- 给我们学校的孩子们一个干净的学习环境。
- 研究自然，了解自然，然后把这些知识传授给别人。
- 多和我的伴侣交流。
- 成为我能力范围内最好的运动员，以此鼓舞他人去挑战他们的极限。
- 创造赏心悦目的艺术，通过艺术作品让人们微笑、哭泣、与他人和大地沟通。

利用目标的力量

我们希望你能像我们一样，发现这个过程对实现目标而言很有价值。如果你不确定自己是否找到了完美的目标也没关系。事实上，即使你感觉自己已经找到了目标，我们也鼓励你下次拿起这本书的时候重新审视你的目标（以及形成目标的过程）。改进总是应该受到鼓励的，尤其是在一开始的时候。

很快，你就会发现你的目标是准确的——也就是说，它反映了你是谁，以及你相信什么。

现在，是时候实现你的目标了。以下是一些实用的方法，可以让你系统地提示自己你的目标是什么，并利用好它的力量。你会在阅读中发现，我们的建议都不会太困难或太耗时。总体来说，一天里实施这些建议的时间不应该超过 3 分钟。但这些简单的方法能将目标融入你的生活，会给你带来很大的回报。这样做的目的是让你成为一个更健康、更快乐、更好的人。虽然这句话听起来像出自什么老掉牙的鸡汤书，但你很快就会发现，它实际上是有科学依据的。

视觉提示

写下你的目标，考虑一下你在哪些地方需要受到激励，把它贴在那些地方。这样一来，当事情变得棘手时，你的目标就在那里，提醒你为什么要这么努力工作。我们在前一章中讨论过，研究表明，对你的主要价值观和目标进行反思的行为确实会改变你的大脑，有助于你克服恐惧，增强动力和勇气。即使你只是瞥了一眼你的目标，也许并没有用心思考，它只要出现在你的视野里，就能对你产生帮助。研究表明，无意识的视觉提示（比如一些我们没有花时间思考的事情）可以改变人们对努力的看法，让那些客观上困难的事情变得更容易。正如我们在前一章中提到的，有意识地考虑目标的行为，即使只是几秒钟，也会对你的大脑和随后的动机产生深远的影响。

下面是一些杰出表现者在最需要的时候有意识地使用视觉提示来提醒自己目标为何的例子：

■ 一位专业的自行车手把自己的目标贴在车把上。每当他的步伐加快，随之而来的疼痛加剧时，他自然会低头向下看。每次他这么做的时候，他都会看到自己的目标：激励他人走出舒适区，充分享受生活。然后，他会更加努力，可以忍受更多的痛苦。

■ 当一家医疗保健公司的中层经理接到一线员工的电话，就她的部门发布的一份报告回答一些在她看来很愚蠢的问题时，她往往会感到很沮丧。她注意到自己对这种电话很没耐心，有时甚至会拒接电话。于是，她在自己的手机上贴了一张便利贴，上面写着她的工作目标——为他人的生活带去积极的改变。通过这种方式，当电话响起时，她就会把无论看起来多么微不足道的问题与报告的最终目的 —— 改善对病人的护理水平 —— 联系起来。现在，每次电话铃响的时候，她都会收到提醒：提供一个经过深思熟虑的正确答案能帮助病人康复，能让他人生活产生积极的改变。

■ 一位艺术家用艺术字体写下了自己的目标，并把它贴了起来。但她没有把目标贴在工作室里，而是把它贴在办公室里。你在前文中了解到，对很多艺术家来说，工作中最难的部分是那些与艺术无关的东西。她把自己的目标贴在办公室里，提醒自己为什么要忍受所有这些无关紧要的东西 —— 都是为了创作出美丽的艺术，去打动别人。

■ 我们（史蒂夫和布拉德）把我们的目标贴在电脑上。每次坐下来写作时，我们就会想起我们为什么要工作。正因为我们这样做了，这本书的完成度才更高。事实上，如果没有这个目标，我们甚至不确定我们是否会动笔写这本书。从我们的传统工作跨领域兼职写书是一件很可怕的事。我们之前的工作在经济上要稳定得多，但我们无法通过之前的工作帮助人们发现如何以健康和可持续的方式最大限度地发挥自己的潜能，并防止日后产生倦怠、不满和不快乐的感觉。这个小小的提醒给了我们继续写下去的勇气和信心。

希望这些例子能帮助你想到张贴目标的完美场所：那些你可能需要一点儿额外的勇气来克服恐惧，或者需要一点儿动力来忍耐痛苦的地方。关键是，你要把目标放在你在面临挑战时可能会去寻求帮助的地方。我们还建议你把目标贴在浴室的镜子上。这是标记你新的一天开始并帮你以最有效率的方式度过这一天的不错的地点。

自我对话

《韦氏词典》对"咒语"一词有好几种定义。最常见的定义是"一个经常重复的或表达某人基本信念的词或短语",另一个定义是"与魔法相关的祈祷用语"。而祈祷被定义为"通过向某物或某人祈求来获得其帮助的行为;召唤超自然力量的行为"。如果把所有这些定义放在一起,我们对咒语的定义就变成了"对一个重要的、似乎具有魔力等超自然力量的词或短语的重复"。

目标似乎就是一种完美的咒语。目标是一种重要的宣言,而且是最重要的。你在前一章中读到,目标拥有一系列看似神秘而超自然的力量,其作用从增加勇气和克服恐惧,到在最艰难的环境中提供耐力。因此,很自然,在"自我对话"(在头脑中重复)过程中把目标当作口头禅,可以显著提高我们的表现水平。

广泛的证据表明,自我对话能提高表现,尤其是增加忍受不适的动力和意愿。当我们的自我对话内容简短、具体而且固定(这是最重要的)时,这种对话是最有效的。因此,如果你的目标很长,当你用它作为自我对话的内容时,你可能要把它浓缩成几个词,抓住它的本质。当我们的身体和/或思想告诉我们要放弃,但我们想继续前进时,自我对话特别有效。它能帮助我们保持冷静,避免杏仁核被劫持,也就是我们在第四章中讨论的情绪控制大脑的现象。尤其当自我对话的内容反映了一种超越自我的目标时,它能让我们做的事比我们想象中多。

你可以想象,这种策略在体育运动中很常见。在写这本书的过程中,我们采访过的每一位运动员都告诉我们,他们会借助自我对话的方法提升表现。例如,在马拉松比赛的最后几英里,奥林匹克马拉松选手德西蕾·林登(Desiree Linden)告诉我们,自我对话和水一样重要,甚至比水更重要。但是,自我对话是一种策略,它可以从体育运动中剥离出来，去其他领域发挥巨大的作用。不管你在做什么——不管你的工作利用的是你的身体、思想还是灵魂——在恐惧、痛苦或担忧的时候重复一个关于你的目标的咒语都能带来巨大的好处。这样做会让我们稳定下来，减少消极情绪，让我们的自我平静下来——你在第八章中曾读到，自我最喜欢做的就是告诉我们放弃。

尽管《韦氏词典》几乎将咒语定义为超自然现象，但现在你应该知道，它们实际上完全符合科学原理。

夜间反思

在讨论视觉提示的时候，我们建议你把你的目标贴在浴室的镜子上，这样你每天早上都能看到它，开始新的一天。当一天过完的时候，我们也认为在夜间对自己的目标进行反思是个好主意。而且，我们鼓励你问自己：我今天的生活体现了我的目标吗？在 1 到 10 的范围内（10 代表"完全"，1 代表"完全不"）给这一天打分。打完分后，花一两分钟思考一下，如果你想变得更接近 10 分，你还能做哪些事情？如果你给自己打了 10 分，回想一下你是怎么做到的。你已经知道，这个简短而简单的行为可以提升几乎所有表现，因此它可以帮助你做出必要的改变，使生活更符合你的目标。虽然在脑海中进行这个练习没什么问题，但研究表明，把这些想法写下来不仅能提高你的表现，还能让你更健康。

科学研究已经证明，"表达性写作"——一种探索与我们生活息息相关的基本问题的日志——可以增强我们免疫系统中的细胞。此外，表达性写作与抑郁和焦虑减少、血压降低、求医次数减少、肺和肝功能改善以及积极性和社交联系的增强有关。科学家们推测，表达性写作之所以能产生如此深远的影响，是因为它为我们提供了一个安全的空间来思考对我们来说最重要的问题。否则，我们中的许多人会抑制这些想法和感觉，把它们藏在心里。但是，任何一个在内心深处隐藏过感情的人都知道，这样做会加剧压力。然而，换个角度思考，与他人分享也可能是一种令人不适的体验。通过把那些反映我们内心深处的价值观和情感的文字倾泻到纸上，我们释放了紧张感，从而改善了我们的健康。用研究表达性写作的先驱、得克萨斯大学奥斯汀分校（University of Texas at Austin）的詹姆斯·佩内贝克（James Pennebaker）的话来说，"时不时地停下来评估一下你在生活中的位置真的很重要"。如果要对佩内贝克对表达性写作的定义进行概括，那就是我们要对目标进行反思，努力确定自己是否更加接近目标。

以目标为导向的生活

虽然提醒自己目标是什么会带来巨大的好处，但我们真正希望的是你能行动起来。没有什么比有目标的生活更能提高表现、增强活力和保持健康了。如果你从这本书里只能学到一样东西，我们希望是这一点。

一旦有了目标，你就需要尽你所能去建立一个能让你实现它的生活模式。你越接近 10 分 —— 你的生活非常符合你的目标 —— 你就会变得越好、越快乐、越健康。用美国有史以来跑得最快的马拉松运动员瑞安·霍尔（Ryan Hall）的话来说，实现自己的目标会给你"世界上最好的感觉"。

没有什么比在我们认为可能的范围内设定一个目标并去系统地实现它更令人满足了。然而，当我们完全沉浸在提升自我的过程中时，我们往往处于最佳状态。你在本书中读到的所有杰出表现者都是永不满足的。尽管他们可能在各自的领域处于领先地位，但他们仍然强烈要求进步。我们希望你在追求自己的事业时也能有这样的心态。

在这本书中，我们介绍了健康的、可持续的巅峰表现背后的关键原则：

■ 压力 + 休息 = 成长

■ 制定最佳日常习惯和规划好一天日程的意义

■ 目标

虽然我们希望你在阅读本书的过程中感受到了乐趣，但真正的乐趣始于你放下书并在你自己的生活中应用书中原则的那一刻。

注意：在本书中，你看到的那些杰出表现者中没有一个是严格按照书本行事的。相反，他们采用了表现原则和实践相结合的方法，并使它们适应自己独特的风格和活动的特定需求，将它们转变为自己专有的方式。我们鼓励你也这样做。

为了帮助你开始，下面我们总结一下与每个原则相对应的关键实践方法。你可以把它看作一个基础食谱，随着时间的推移，你还可以创造自己独特的食谱。如果你这样做了，我们很想听听你的经历。你可以发邮件给 info@peakperformance.email，告诉我们你的故事和学习心得，我们会在我们的电子报中分享这些故事以及表现科学的最新发现。你可以通过访问 www.peakperformancebook.net 订阅我们的电子报。我们希望本书只是一个开始，我们的最终目的是创造一个由渴望学习和提高的人们组成的社区。

对我们来说，这本书也代表了我们的巅峰表现。虽然做起来并不容易，但我们会尽力去实践我们推崇的方法。当我们送你踏上你自己的旅程时，我们要感谢你陪伴着我们。

在压力和休息的交替中成长

给自己压力

在生活中你想要获得成长的领域寻找"勉强可以应对的挑战"。

■ "勉强可以应对的挑战"就是那些略超过你目前能力极限的挑战。

■ 如果你觉得一切尽在掌握之中，那就加大下一个挑战的难度。

■ 如果你感到焦虑或情绪激动，无法集中注意力，那就把挑战降低一个档次。

培养深度专注和正确练习。

■ 每次开始做有意义的工作时，都要设定一个具体目标。

■ 集中注意力，即使这样做并不总是令人愉快。

■ 清除智能手机等干扰物。记住，眼不见，心不烦。一次只做一件事。下次你想一心多用的时候，提醒自己，研究表明这是无效的。

■ 记住，质量比进度重要。

把工作分成具体模块。

■ 将工作分成 50～90 分钟的时间段（具体时间可能会因任务不同而有所不同）。如果你发现自己很难保持专注，那就从更短的时间开始。

■ 如果你以前没做过需要深度专注的工作，那么就从 10~15 分钟的时间模块开始。随着深度专注练习的不断进行，逐渐增加你深入的时间。

■ 对于大多数活动，2 小时应该是工作时间的上限。

培养一种成长或挑战心态。

■ 记住思维模式的力量：你看待事物的方式从根本上改变了你的身体对它的反应。

■ 当你感到压力的时候，提醒自己这是身体准备应对挑战的自然方式；深呼吸，把高度的兴奋和敏锐的知觉能力贯注到手头的任务上。

■ 挑战自己，有效地看待压力，甚至欢迎它。你不仅会表现得更好，健康状况也会得到改善。

有勇气休息

通过冥想来锻炼你的正念肌肉，让你更容易休息。

■ 选择一个外界干扰最小的时间，比如早上刷牙后或晚上睡觉前。

■ 找个舒适的姿势坐下，最好是在一个安静的地方。

■ 设置一个计时器，这样你就不会总去想还有多久。

■ 开始深呼吸，用鼻子吸气和呼气。

■ 专注呼吸的感觉。如果有想法出现，注意这些想法，然后清空大脑，把你的注意力带回到呼吸的感觉上。

■ 从 1 分钟开始，逐渐增加持续时间，每隔几天增加 30~45 秒。

■ 频率比持续时间更重要。每天冥想是最好的，即使这意味着每次冥想的时间要短一些。

在日常生活中运用你日益增长的正念肌肉。

■ 在压力大的时候进行"平静对话"。记住,你与你经历的情绪和感觉是无关的。

■ 知道自己什么时候想要"关机",然后把压力抛诸脑后。停下来做几次深呼吸有助于激活前额皮质,这里是大脑的指挥和控制中心。

适当休息,让你的潜意识工作。

■ 当你从事一项繁重的脑力劳动并陷入僵局时,停下手中的工作。

■ 远离你正在做的事情至少 5 分钟。

■ 工作压力越大,需要的休息时间越长。

■ 如果任务真的很艰巨,可以考虑第二天早上再做。

■ 在休息时间里,如果你不睡觉,那就进行一些几乎不需要费力思考的活动。

√ 散步

√ 享受大自然

√ 冥想

√ 社交

√ 听音乐

√ 洗澡

√ 洗碗

■ 休息过程中,你可能会迎来顿悟时刻。如果真的发生了这样的事,很好。即使你在休息时没有收获顿悟,你的潜意识仍然在工作。你回到工作中后,更有可能取得进步。

把睡眠放在首位。

■ 睡眠可以提高产出。

■ 每晚至少睡 7~9 小时。而对那些做剧烈运动的人来说,睡

10 个小时也并不多。

■ 想知道自己的睡眠时间，最好的办法就是花上 10～14 天时间做试验：困了就睡觉，醒了就起床，不用闹钟。通过这种方法得到的平均时间就是你需要的睡眠时间。

■ 要想睡个好觉，请遵循以下建议：

√ 确保自己白天置身于自然（非电子照明）的环境中。这将帮助你保持健康的昼夜节律。

√ 进行锻炼。剧烈的体育活动会使我们感到疲倦。当我们感觉累了，我们就会想睡觉。但不要在临睡前做运动。

√ 限制咖啡因的摄入量。在睡前 5～6 小时完全停止摄入咖啡因。

√ 你的床只是用来睡觉和做爱的。吃东西、看电视、用笔记本电脑工作或其他任何事情都不要在床上进行。唯一的例外是可以睡前在床上读纸质书。

√ 睡前不要喝酒。虽然酒精可以加速入睡过程，但它往往会扰乱睡眠后期更重要的阶段。

√ 晚上避免受到蓝光照射。

√ 不要在晚饭后开始从事艰苦、高压的活动，无论是精神上的还是身体上的。

√ 如果你的大脑处于高速运转状态，试着在睡前做一次简短的正念冥想。

√ 当你觉得很困时，不要抵抗睡意。不管你要做什么，都可以等到明天早上再做。

√ 尽可能让你的房间保持黑暗。如果可以，选用遮光性好的窗帘。

√ 把你的智能手机放在卧室外面。不是静音，而是放在外面。

■ 午睡 10～30 分钟可以帮助你恢复精力和注意力，抵抗下午的困倦感。

延长休息时间。

■ 无论你做什么工作，每周至少要休息一天。

■ 合理安排休息时间，应对不断积累的压力。

■ 压力越大，需要的休息越多。

■ 在你能做到的范围内，有策略地安排假期，以应对持续时间更长的压力。

■ 无论是在休息日还是在长假中，都要真正脱离工作。在身体和精神层面都要放松，参加一些你觉得有助于放松和恢复的活动。

为表现做好准备

优化你的日常习惯

为重要活动制订热身计划。

■ 确定做好你的工作需要什么样的精神和 / 或身体状态。

■ 安排一系列准备活动，让你的身心都处于这种状态。

■ 坚持：每次参加相关活动时，都采用相同的习惯（这更说明了坚持的重要性）。

■ 记住情绪对表现的影响。积极的情绪会持续很长一段时间。

创造"属于自己的地方"。

■ 为独特的活动寻找空间。

■ 在你的周围摆满能激发预期行为的物品。

■ 坚持在同一个地方工作，使用相同的工具。

■ 长此以往，你所处的环境会通过深层次的神经系统提高你的工作效率。

调整自己。

■ 将关键行为与特定的线索和 / 或习惯联系起来。

■ 保持一致性和高频率，每次在特定活动前执行相同的习惯。

■ 如果可能，将关键活动与相同的环境（例如一天中的某段时间、某种物理环境等）联系起来。

■ 如果你的活动需要在不同的环境中进行，你需要开发可以在任何地方执行的"便携式"习惯（例如深呼吸、自言自语等）。

■ 坚持才是硬道理。如果你不坚持，最好的习惯也毫无意义。

设计你的一天

要想事半功倍，你必须做一个极简主义者。

■ 回想你一天中做过的所有决定，找出那些对你不重要的事。

■ 尽可能把不重要的决定自动化。常见的例子包括：

∨ 穿什么

∨ 吃什么

∨ 在什么时候完成日常习惯（例如，每天在同一时间锻炼，这样你就不用考虑这件事了）

∨ 是否参加社交聚会（这并不总是一个好主意，但在重要工作期间，许多杰出表现者会采取严格的策略，对社交活动说不）

■ 除了尽可能避免做决定外，不要把脑力用在八卦、办公室政治或担心别人对你的看法上。（当然，除非你的核心任务是成为一名民选官员，那么这些实际上是至关重要的。）

■ 除了对日常决策进行反思外，还要考虑比较重大的生活决策（比如居住位置选择）的第二和第三级影响（例如，通勤时间、经济压力等）。

让活动与精力相匹配。

■ 确定你的时间型（例如，你是早起的云雀还是熬夜的猫头鹰）。

■ 根据自己的精力水平，有计划地安排好每一天的活动。

√ 保护好你最清醒的时间，把它用在最重要的工作上。

√ 在你不那么清醒的时候安排要求不那么高的任务。

√ 不要对抗疲劳！相反，利用这段休息时间来恢复和激发创造性的
想法。你可以在下一个精力充沛、注意力集中的周期继续工作。

■ 按照你的时间型工作不仅能使你的工作效率最大化，还能确
保压力和休息之间的平衡。

明智择友。

■ 认识到你周围人的巨大力量。

■ 正能量、动力和干劲都是会传染的。尽你所能去培养支持你
的群体，让自己置身于一种努力提升表现的文化氛围中。

■ 要保持积极的态度。你不仅是在帮助自己，也是在帮助你生
活中的其他人。

■ 不幸的是，消极和悲观也会传染。不要让自己置身于这样的
情绪当中。链条的坚固程度取决于它最薄弱的一环。

做好工作本身。

■ 没有什么可以代替日复一日的工作，这样才能磨炼你的技能。

■ 态度往往是行为的产物。有时候你能做的最好的事情就是做
好工作本身。

借助目标的力量

超越自我

突破"自我"的局限。

- 我们的"自我"或"中央调节器"是一种保护机制，会阻止我们达到真正的极限。

- 当我们面对巨大的挑战时，我们的自我会在生理层面让我们失去应对能力，并使我们转向另一个方向。

- 专注一个超越自我的目标，或者找到做一些超越自我的事情的理由，我们就能突破自我强加的限制。

- 尽你所能，将你的活动与一个更宏大的目标联系起来（更多关于如何做到这一点的信息，参见第九章）。你如果遇到了看似不可战胜的困难，想要退缩，可以问问自己有什么非做不可的理由。如果答案是"为了比我更宏大的人或事"，你就更有可能继续前进。

- 少考虑你的自我，是提升表现最好的方法之一。

增强你的动机。

- 我们不断地平衡对努力（或者做某事有多难）的感知以及动力。

- 我们如果想要忍受付出更大的努力带来的痛苦，可能需要增强我们的动力，这往往可以导致更好的结果。

- 增强动力的最佳方法是把我们的工作与更宏大的目标或事业联系起来。

- 专注帮助他人不仅会让世界变得更美好，也会让你成为更好的表现者。

- 在我们感到疲惫不堪的时候，我们更应该想想自己为什么要做手头的事情。

通过回馈获得能量。

- 在工作中寻找回馈的机会。可以进行强度较高的活动，如指导和辅导他人，也可以进行强度较低的活动，如在网上发布真诚的建议。

■ 回馈行为的唯一标准是，你的回馈与你的工作内容紧密相连，而且你不指望得到任何回报。

■ 虽然回馈对预防和扭转倦怠特别有效，你仍然应该通过适当的休息来对抗压力，避免倦怠情况。

开发与利用你的目标

利用第 166 ~ 169 页的练习来开发你的目标。

■ 选择你的主要价值观。

■ 将你的主要价值观个性化。

■ 给你的主要价值观排序。

■ 写下你的目标宣言。

有策略地利用你的目标。

■ 在最需要动力的时候，利用视觉提示来提醒自己目标是什么。

■ 根据目标制定一个"咒语"，当事情变得棘手时，用它来进行自我对话。

■ 每晚对目标进行反思（尝试使用表达性写作）。想想你的生活是否遵循着该目标，随着时间的推移，努力接近自己的目标。

这本书是团队努力的最终成果，团队不仅包括我们两个人，还包括许多以自己独特的方式做出贡献的人。如果你喜欢《状态的科学》这本书，请加入我们，一起对下面的人表示感谢。他们的贡献贯穿全书。

　　首先，我们要感谢我们的核心团队，没有他们，这本书只会存在于我们的脑海里，而不是在纸上。感谢凯特琳·斯图尔伯格，布拉德的好妻子，也是我们两人的好编辑。我们在不到 3 个月的时间里完成了手稿，很多人问我们为什么能这么快就完成。答案是，我们有凯特琳。凯特琳一章一章地编辑这本书，速度比我们共事过的任何专业人士都要快，这是她作为我们的代理最重要的工作。这本书的每一页都因为她而变得更好 —— 不仅因为她不断的修改，更因为她的支持。

　　感谢我们的经纪人泰德·温斯坦，他给了两位缺乏经验的年轻作家机会。泰德在选题的形成过程中起到了重要作用，也因此影响了这本书。他体现了专业精神，和他一起工作很愉快。也许更重要的是，他身上有很多值得我们学习的东西。

　　感谢罗德尔出版社的优秀团队，感谢阿丽·莫斯特尔和安吉·贾马里诺。尤其要感谢我们的编辑马克·温斯坦，他从一开始就相信这本书的理念的价值。马克给了我们写我们想写的书的自由，然后把它变得更好。一个作家能向编辑要求的也就是这么多了。

　　我们还要感谢我们早期草稿的读者，他们的反馈极大地改进了这本书的内容。这些人花了时间和精力去阅读这份当时存在多个 Word

文档中的手稿。他们中的每一个人都通过电话、Skype 和咖啡店的交谈提供了有价值的信息。感谢莎拉·鲍姆、马克·戴维斯、凯莉·马坎伯、乔纳森·马库斯、艾伦·麦克莱恩、希拉里·蒙哥马利、艾伦·彭斯卡、梅丽莎·斯特恩、埃里克·斯图尔伯格、琳达·斯图尔伯格、菲比·赖特，还有 2015 年休斯敦大学越野团队的成员（卡莱布·比查姆、尼基塔·普拉萨德、麦肯齐·伊拉里、卡姆·拉弗蒂、玛丽亚·冈萨雷斯、里克·霍利、柯迪·安德森、詹妮弗·邓拉普、马特·帕姆莱、贾斯汀·巴雷特、加布·劳拉、布莱恩·巴拉扎、梅雷迪思·索伦森、GJ·雷纳和特雷弗·沃克）。特别要感谢艾米丽·马格尼斯，她证明了她是马格尼斯家族中出色的作家。她的修改和评论是这本书的宝贵补充。

我们不能不提我们的导师们，是他们鼓励我们写下了这本书。多年来他们共同影响着我们，最终塑造了这本书。我们很幸运拥有这些终身的导师，我们很幸运被智慧、善良和关心包围着。特别要感谢大卫·爱普斯坦、马里奥·弗雷奥里、凡恩·甘贝塔、亚当·格兰特、布鲁斯·格里森、亚历克斯·哈钦森、迈克尔·乔伊纳、鲍勃·科克和凯利·麦格尼格尔。

我们也要感谢我们经常参考的出版物，包括《蓝岭户外》（特别是布拉德的编辑威尔·哈兰），《纽约》杂志（特别是布拉德的编辑梅丽莎·达尔），《户外》杂志（特别是布拉德的编辑艾琳·贝雷西尼、米根·布朗和韦斯利·贾德），《跑步时间》（特别是史蒂夫的编辑乔纳森·贝弗利、斯科特·道格拉斯和艾琳·斯特劳特），《纽约》杂志（特别是布拉德的编辑凯蒂·奈茨和梅根·基塔）。另外还要特别感谢《户外》《纽约》和《跑者世界》，这本书中的一些故事和见解最先出现在布拉德在上述杂志的专栏里。能为这样一流的出版物撰稿真是我们的荣幸。当然，还要感谢所有杰出表现者，我们在本书中分享了他们的故事。虽然有太多的人无法被单独列出，但我们确实想列出一些在写这本书的过程中与我们关系变得特别密切的人。这些明星邀请我们进入了他们的生活：埃米尔·阿尔萨莫拉、马特·比林斯拉、马特·迪克森、梅根·高尼尔、大卫·高斯、戴夫·汉密尔顿、迈克尔·乔伊纳、鲍勃·科克、詹妮弗·法尔·戴维斯、布兰登·伦纳尔斯、达伦·史密斯和维克多·斯特雷彻。

最后，感谢我们的家人，他们总是支持我们，帮助我们完成自己的最佳表现。没有他们，这一切都不可能实现。他们是凯特琳·斯图尔伯格、琳达·斯图尔伯格、鲍勃·斯图尔伯格、埃里克·斯图尔伯格、路易斯·斯图尔伯格、鲍勃·阿佩尔、伊莲·阿佩尔、兰迪·布鲁姆、鲍勃·布鲁姆、威廉·马格尼斯、伊丽莎白·马格尼斯、菲利普·马格尼斯和艾米莉·马格尼斯。

图书在版编目（CIP）数据

状态的科学：怎样稳扎稳打地持续进步 / (美) 布
拉德·斯图尔伯格,(美) 史蒂夫·马格内斯著；董黛译
. -- 北京：九州出版社, 2021.12
ISBN 978-7-5225-0520-6

Ⅰ.①状… Ⅱ.①布… ②史… ③董… Ⅲ.①成功心
理—通俗读物 Ⅳ.①B848.4-49

中国版本图书馆CIP数据核字(2021)第205445号

著作权合同登记号：图字 01-2020-6383

状态的科学：怎样稳扎稳打地持续进步

作　　者	［美］布拉德·斯图尔伯格、史蒂夫·马格内斯 著　董　黛 译
责任编辑	周　春
出版发行	九州出版社
地　　址	北京市西城区阜外大街甲35号（100037）
发行电话	（010）68992190/3/5/6
网　　址	www.jiuzhoupress.com
印　　刷	华睿林（天津）印刷有限公司
开　　本	690毫米×960毫米　　16开
印　　张	12.5
字　　数	156千字
版　　次	2021年12月第1版
印　　次	2021年12月第1次印刷
书　　号	ISBN 978-7-5225-0520-6
定　　价	49.80元